TSUKUBASHOBO-BOOKLET

暮らしのなかの食と農――㊾

変革期における農協と協同組合の価値

北出俊昭
Kitade Toshiaki

筑波書房ブックレット

はしがき

　農協は農業政策の推進上極めて重要視されてきました。また、農村はもとより都市においても農産物の生産・販売組織として身近な存在となっており、農協論は研究者だけでなく実践者の間でも常に重要な研究課題の一つとされています。

　それにもかかわらず、改めて「農協とは何だろうか」と問われると、答えに窮するのが実態です。少なくとも筆者にはこれまでそうであったため、自問自答を繰り返してきました。その結果辿りついたのが「農協は協同組合である」という単純な結論です。このことは「そうなくてはならない」という意味もこめて、農業政策も日常的な取り組みも協同組合の価値と原則から出発するべきであると換言できます。本書はそうした問題意識に基づき、とくに運動面に焦点をおき、次のことに留意して執筆しました。

　第1は協同組合の価値と原則から出発するといっても、その認識は個人はもとより組織、事業、運営などが国によっても大きく異なっているため、世界的にも多様な意見がみられます。そこで本書では国際的に統一されているICA大会決定に依拠しました。

　第2は協同組合が期待されている役割と機能を果たすためには、一般原則の理解と同時に、各国の実態に応じた具体的な実践が不可欠です。本書で農協の設立目的を産業組合の歴史と関係づけながら検討したのも、本来的な協同組合を目指した対策と取り組みには、わが国における協同組合の歴史的特徴についての認識が重要だからです。

第3は価値と原則にもかかわりますが、農協と同じように「協同組合とは何だろうか」という問題が指摘できます。本書で発生期における特徴を重視したのは、そこにその答えとしての協同組合の重要な特徴がみられ、それが現在の価値と原則に結実していると思うからです。しかもこの協同組合の価値と原則は、近年強化されている国際的、国内的な市場原理主義の対抗軸として、その重要性が改めて認識されるようになっているのです。

　いずれにしても、こうした問題意識のため本書では解説的で抽象的な内容が多く、当面している具体的な課題について述べているところが少ないといえます。その理由は、具体策を検討するためにもまず必要なことは、農協自体についての協同組合としての認識だと思うからです。これは、国連が現代における協同組合の価値と役割を重視して2012年を「国際協同組合年」と決定したこととも関係したことです。

　現在の国内的・国際的情勢は主体的な運動による政治・経済の根本的な転換を求めています。こうした変革期において農協と協同組合が直面している諸問題を考える上で本書が多少なりとも参考になれば幸いです。

　最後になりましたが、出版事情の厳しい現在、本書の出版を引き受けていただいた筑波書房の方々、とくに社長の鶴見治彦氏に対し心より感謝申し上げます。

2010年8月　著者

目　次

はしがき ……………………………………………………………………… 3

第1章　農協の設立目的と産業組合 ………………………………………… 7
（1）農協設立と「非農民的勢力」の支配問題……7
（2）「非農民的勢力」の支配と産業組合……9
　　1）国策に基づいた産業組合の設立……10
　　2）農業・農村政策と産業組合―農山漁村経済更生計画中心に― ……12
（3）産業組合の歴史からみた農協の課題……18
　　1）農民＝組合員の主体的参加問題……18
　　2）協同組合の定義・価値と農協の目的……20

第2章　農政展開と農協の農政運動―「自治と自立」問題中心に―
　………………………………………………………………………… 24
（1）農協発足直後の経営危機と政府支援……24
　　1）経営危機の実態と要因……24
　　2）政府支援の内容と農協の設立理念……27
（2）農協に求められた国政上の役割―米政策を中心に― ……29
　　1）緊急課題の食料安定確保対策と農協……29
　　2）米政策の展開と農協……30
（3）農協の農政運動と協同組合原則……35
　　1）農協農政運動の特徴……35
　　2）農協農政の改善方向……39

第3章　農協の組織・事業と協同組合原則 ………………………………… 44
（1）組合員の多様化と新たな課題……44
　　1）「多様な経済的弱者」の農協……44
　　2）農協本来の役割と組合員多様化問題……45
（2）農協の規模と管理・運営の民主化……47
　　1）農協の規模拡大と管理・運営問題……47
　　2）組合員・地域本位の徹底……49
（3）求められている有利性発揮による農協事業……53
　　1）協同組合の有利性とは……53

2）農協事業の実態と改革方向……55

第4章　現代における協同組合と農協の役割 ……………………………… 61
　（1）協同組合の発生と発展の特徴……61
　　1）資本主義の改善・改革運動と協同組合……61
　　2）発生期の協同組合の組織者と事業……62
　　3）オウエンの「協同社会」思想……63
　（2）協同組合と地域社会建設……65
　　1）「協同社会」思想の発展過程……65
　　2）現代と協同組合の地域社会建設問題……68
　（3）変革期における農協の役割と課題……70
　　1）市場原理主義の対極にある協同組合……70
　　2）農業・農村の再生と農協の役割……72
　（4）協同組合への確信―農協批判への対応― ……75

第1章　農協の設立目的と産業組合

(1) 農協設立と「非農民的勢力」の支配問題

　農業協同組合（以下、連合会も含めて「農協」と総称）は、農地改革と並んで戦後の農業および農村の基本政策として設立されました。国務大臣平野力三氏は、1947年8月に開催された第1回国会衆議院農林水産委員会における農協法の提案理由説明で、「農村の民主化と農業生産力の発展を期すためにも、農業団体制度を根本的に刷新し、農民の自主的な協同組織の確立助長をはかることは農地改革と並んで、農業及び農村に対する基本政策である」と強調しました[1]。

　それは、「農地改革の実施をもってただちに農業の近代化を来たし、農村の民主化成れりとすることは決してできない」からで、耕作農民の利益を代表した協同組織が必要であるとの理由からでした。こうした観点から、農協法案の重点として、自由の原則、組合における農民の主体性の確立、生産に関する事業の強化、自主性尊重の建前から行政庁の組合に対する監督権の制限、の4点を強調したのです。

　いうまでもなく、戦後の農協は「非農民的勢力の支配を脱し、農民の経済的、文化的向上に資する農業協同組合運動を助長し奨励する」ことを指令した「農地改革についての連合軍最高司令官覚書」（以下「GHQ覚書」）にしたがって設立されたものです。したがって、平野力三氏が強調した4点が目指しているのは、「非農民的勢力」の支配を脱した農民主体の農協の設立であった、と換言することができます。

そこで問題となるのは、GHQ覚書でいう「非農民的勢力」とは如何なる勢力で、その支配とは何であったか、です。この点についてみると、法案の審議過程では支配勢力として「商工業資本家、配給業者、地主」、「金融商工資本」、「古いボス」など、さまざまな表現が用いられ、その「支配排除」やそれからの「防衛」が強調されていました。表現は異なるもののここで掲げられている「支配勢力」とは、当時、どこの農村でも一般的にみられた末端権力の一端を担っている階層で、農協法案はその「支配」からの脱却を目指していたといえます。わが国の国家機構は全国に存在するこうした階層を通じて国の政策を末端の農村にまで徹底させ、支配する構造でした。戦前、戦中にはこの仕組みを通じて戦時体制が強化されたのです。

　しかも戦時体制下の農業関連団体についてみますと、1943年に制定された農業団体法により産業組合、農会、養蚕業組合、畜産組合、茶業組合の五団体が統合されて農業会が設立されました。この結果、産業組合も協同組合としての歴史に幕を閉じ、太平洋戦争という国家目標を遂行する団体としての特徴を備えた農業会となったのです。

　したがって、「非農民的勢力」の支配を脱するとは、各市町村にあって末端権力の一端を担って地域を支配していた地主をはじめとするさまざまな旧支配勢力を排除することでしたが、直接的には戦時下にみられた国策推進体制からの脱却を意味したといえます。農協設立においては農業団体法の「地主的官憲的機構に関する法制」[2]の改革が必要とされ、農協役員についても農業団体の役員であった者や公職追放を受けた者などを排除すべしとの主張も行われたのは、そうした理由からでした。

　これは太平洋戦争の敗戦と占領という正にわが国の歴史始まって以来の事態となり、明治以来の支配思想と支配機構を根本的に転換する

ことを意味しましたが、農民主体の農協設立もその一環であったといえます。「監督あるいは官僚的指導、ある特定の枠をつくってそれに農村をはめこもうとするのは農業協同組合法案の精神に反する」[3]として、組合に対する行政の監督権の制限を強調したのも同じ理由からです。

いうまでもなく、こうした理念で設立された農協が本来の機能を発揮するためには、わが国の政治経済体制全体の変革と同時に、それに相応しい農民の主体的意識とそれに基づいた自主的な取り組みが不可欠です。そうでなければ「仏作って魂入れず」となるからです。しかし、農協の設立はGHQ覚書にしたがったものであったことは、前述しました。これは換言すれば農民の自発的な運動がなく、国会の農協法審議で強調された近代的な協同組合の理念と農業・農村における農協の役割について、農民の認識が不十分なまま農協の設立が進められたことを意味していたといえます。

したがって設立経過からみた農協の課題の一つに、組合内部の問題として協同組合理念と農協が果たすべき本来の役割について、農民＝組合員の認識をどう深めるかがありますが、それは産業組合から共通してみられた問題でした。

（2）「非農民的勢力」の支配と産業組合

農協法設立で「非農民的勢力」の支配から脱することが重視された要因には、産業組合の歴史がありました。その実態を明らかにすることは、わが国における近代的協同組合の特徴と農協のあり方を考える上で重要です。

1）国策に基づいた産業組合の設立

　まず問題なのは、産業組合の設立目的についてです。産業組合は1900年に制定された産業組合法により設立されたわが国初の近代的協同組合です。1897年に提案された第1次産業組合法案の提案理由で国務大臣榎本武揚氏は、法律制定の目的は「中等以下の人民の金融を円滑化し各自の業を改良発達することにある」としながらも、その理由として、「産業は国家経済の根源であるからその盛衰は国運の消長に大いに関係がある」ことを最初に強調していました[4]。

　これからも明らかなように、明治時代に入り資本主義発展の後進国であったわが国は殖産興業政策などを実施し産業の発展を図りましたが、これは当時勢力を拡大していた世界の帝国主義列強に伍して行くためには経済力の強化が不可欠で、そのため産業を「国家経済の盛衰の根源」と認識していたからです。

　この第1次産業組合法案は信用組合法案が議会解散のため本格的な審議がされずに終わったあと提案されたもので、表現は異なるが信用組合法案にもほぼ同様な目的が述べられていました。当時の日本経済は「中等以下の人民」の製造に依存していましたが、その没落が進んでいたのでこれは当然なことで、平田東助氏も産業組合の設立が急がれたのは「生産力の主力たる中産以下の小農、小商工を培養するのが急」[5]なことを強調していたのです。

　つまり産業組合は、古くからわが国に存在していた報徳社や先祖株および信用組合などの類似組合を改組するのではなく[6]、近代的な産業振興による国力強化を図るためにも「中等以下の人民」への対策強化を目指し、他の先進国（ドイツ）の制度を参考に政府主導で国策の一環として設立されたところに重要な特徴がありました。

　と同時にこの国策推進の一環としての産業組合設立には、経済政策

とは別の側面も含んでいたことも重要です。第1次産業組合法案の審議過程で、産業組合は社会主義的組織を目指すものではないかとの反対意見に対し、藤田四郎政府委員は「こちらの目的はむしろそういうものは早く起こらぬようになる」ためである、と述べていました。わが国においても、19世紀末から労働争議が多発し自由主義運動も進んでいたため、産業組合法の制定と同じ1900年に治安警察法が公布されたことと併せ考えると、政策当事者には産業組合設立により、農民など「中等以下の人民」の貧困が全国に波及し、社会的不安が強まるのを事前に緩和しようとする目的もあったといえます。

　もともと廃案となった信用組合法案には、農民や商工業者についての庶民的な金融機関の準備対策が進められていたにもかかわらず、内務省から突如として議会に提出された経過がありました[7]。そこには「陸軍軍閥の総師・山県有朋の……武断的『地方自治』を補完する」[8]狙いがあり、「産業政策上の観点からではなく、まったく異なった次元の、自由民権を唱えるグループを抑圧して国家権力が直接民衆を支配し、民衆を富国強兵路線にかりたてる」[9]狙いもあったといえるのです。平田東助氏自身も、「産業組合の今日に在りて急かつ切なる所以」として、「すべからく陸海の軍備を修め……ますます殖産興業に力めもって国力を充実する」[10]ことを強調していたのです。これは日清戦争から日露戦争にかけて経済力強化を背景に、軍備増強が急がれていた当時のわが国の状況を反映した意見であったのはいうまでもありません。

　以上から明らかなように、わが国の産業組合は直接的には「中等以下の人民」の産業振興を目的としていましたが、明治政府が経済発展による国力増進と社会の安定という国家目的を実現するために、政府主導で国策に基づいて設立されたという特徴が指摘できるのです。こ

れはロッチデール組合をはじめ世界の多くの先駆的組合とは異なる、わが国の近代的協同組合の重要な特徴であったといえます。

もちろんこれまで述べたことは、産業組合は組織、事業、運営において協同組合としての特徴のない組織であったというのでないのは当然です。

2）農業・農村政策と産業組合——農山漁村経済更生計画中心に——

産業組合の設立目的にみられた特徴は、当然その活動についても指摘できます。ここでは戦前の農業・農村政策だけでなく、産業組合人にも大きな影響を及ぼした農山漁村経済更生計画（以下「経済更生計画」）を中心に検討します。

① 農山漁村経済更生計画の特徴

経済更生計画は世界農業恐慌の影響を受けた農山漁村の疲弊を回復するため、1932（昭和7）年から実施された政策です。1929年のニューヨークの株価暴落から始まった世界恐慌はわが国も直撃し、工業製品価格、農産物価格がともに下落しました。とくに農産物価格が激しく、しかも工業製品価格が回復したあとも農産物価格の下落が続いたため農家所得が低下し、負債が急増しました。この「不況を匡救し産業の振興を図り民心の安定を策し農山漁村を更生」[11]することを目指したのが経済更生計画です。

この経済更生計画には注目すべきいくつかの特徴が指摘できます。その一つは農業が受けた大きな打撃の要因として、一般経済界の異常な不況と農家経済の困窮とともに、「農村経済の運営および組織の根底に横たわる問題」[12]も指摘されたことです。これは農民の経済的疲弊だけでなく、農村支配の理念と組織の改善も意味していました。そして、そのため「農村部落における固有の美風たる隣保共助の精神

を活用し、経済生活の上にこれを徹底せしめ、農山漁村における産業および経済の計画的組織的刷新」[13)]が強調されたのです。

　つまり経済更生計画は、直接的には世界農業恐慌による農山漁村の経済的疲弊の改善を目指していましたが、その手法として「隣保共助」を精神的基礎に、農村の組織、人材を総動員して農山漁村の経済的諸問題を改善しようとする特徴がみられたのです。その意味で経済更生計画は、精神作興に基づいた農山漁村の支配徹底を目指した国策運動であったといえます。

　こうした観点から、この訓令に基づき策定された「農山漁村経済更生計画樹立方針」（以下「経済更生樹立方針」）では、土地、水、労力など農業経営の基本要素の利用・配分だけでなく生産、販売、購買の統制、農村金融の改善など、農山漁村経済の全般に亘った事項を示し、その改善を強調しました。そして、激化していた寄生地主制の矛盾に対処した自作農地の維持創設、農業経営の組織化と生産費の低減など小生産者としての経営維持、農産物販売と生産資材購買の統制、農村における産業振興のための金融の改善・統制など、を具体策として提示したのです。

　経済更生計画のいま一つの特徴は、こうした政策を推進するため町村総ぐるみの推進体制が採用され、とくに産業組合が重視されたことです。世界経済不況による農家経済の困窮は、自作農存立の危機と寄生地主制の矛盾を深化させ、農業・農村の危機が促進されたので、それを防ぐための総ぐるみ体制の確立が目指されたのです。具体的には町村吏員、農会、産業組合だけでなく学校教職員などの主要な組織と人材を網羅した経済更生委員会が組織され、推進上重要な中心人物を功労者として表彰・顕彰し、名簿も作成されました。その一例として、1936年～1937年の名簿にある当該人物404名の出身・所属組織を示す

表1-1　出身・所属組織別農山漁村中心人物

略歴	人数
町村長など行政関係のみ歴任	174
町村長・産組長など歴任	22
町村長・農会長など歴任	26
町村長・産組長・農会長など歴任	20
産組長など産業組合関係のみ歴任	42
農会長など農会のみ歴任	11
産組長・農会長などを歴任	3
小学校長など学校関係を歴任	34
農業技術員（農会など）	57
その他	15
合計	404

（資料）「農山漁村中心人物名簿」（農林省経済更生部　1939年）

と**表1-1**の通りです。

　町村長など行政関係者が最も多いのは当然ですが、産業組合長・農会長などの農業団体関係者、小学校長などの学校関係者、農業技術員などが総動員されていたことが明らかです。

　そのなかで産業組合については、経済更生樹立方針ではとくに「農山漁村経済更生計画と産業組合の指導方針」の一項目をもうけ、「経済更生計画中販売、購買、金融、利用などに関することは産業組合が中心」であることを明記しました。そのうえで産業組合の組織改善・刷新と同時に設立普及、組合員の加入奨励、事業の促進などを図ることを強調し、そのための具体的な対策方向も示していました。こうして産業組合は、経済更生計画の推進体制に組み込まれ、総ぐるみ運動の中心的な実施組織とされたのです。

　②　農山漁村経済更生計画と産業組合拡充５カ年計画

　国の方針に基づきながら、産業組合自身この経済更生計画を協同組

表 1-2　産業組合の組合総数と組合員総数の動向

(単位：人、戸、%)

年次	組合総数 ①	市町村数 ②	組合員総数 ③	農家数 ④	比率 ①/②	比率 ③/④
1910年	7,308	12,393	534,085	5,497,918	59.0	9.7
1915	11,509	11,287	1,288,984	5,535,008	102.0	23.3
1920	13,442	12,244	2,290,235	5,573,097	109.8	41.1
1925	14,517	12,018	3,935,748	5,548,599	120.8	70.9
1930	14,082	11,864	4,743,091	5,599,670	118.7	84.7
1935	15,028	11,545	5,795,139	5,610,607	130.2	103.3
1940	15,101	11,190	7,622,984	5,479,571	135.0	139.1

（資料）「産業組合要覧」、「農林省累年統計表」（農林省）、「明治大正国政要覧」「完結昭和国政総覧」（東洋経済新報社）
（注）組合総数は各年末、組合員総数は各年度末、農家数は各12月1日、市町村数は各10月1日現在である。
「協同組合本来の農協へ」（筑波書房）の51ページより引用。

合運動強化の一環と位置づけ取り組んだのはある意味では当然でした。産業組合は経済更生樹立方針を受けて「産業組合拡充5カ年計画」（1933年〔昭和8年〕1月1日～37年〔昭和12年〕12月31日）を決定しましたが、その主要な内容は次の5点に要約できます[14]。

a. 一町村一組合
b. 産業組合未設置村の解消
c. 未加入農家の解消
d. 四種事業兼営組合の確立
e. 系統機関の確立と系統機関絶対利用

　この結果、産業組合の組合総数と組合員総数は著しく増加しました。いま、1910年以降の動向をみると、**表1-2**の通りです。この表からも明らかなように、1900年に産業組合法が制定されて以降、組合数、組合員数ともに年々増加し、「産業組合拡充5カ年計画」（以下「産組5

カ年計画」）を決定する直前の1930年の組合数は14,082、組合員数は4,743,091となっていました。それが産組5カ年計画終了後の1940年には組合数15,101、組合員数は7,622,984となり、とくに組合員数は著しく増加したのです。それは産組5カ年計画実施に際し、産業組合未設置町村1,800余、未加入農業者198万人[15]といわれていた状況の改善が目指されたからです。

産業組合は農業者だけでなく林業、工業、商業、水産業などを営む小規模事業者も組合員になることができたため、産業組合数は市町村数を上回り、組合員数も農家数を上回っていましたが、産組5カ年計画の実施でそれが一層促進されたのです。

なお、この産組5カ年計画により産業組合の組織が大きく拡大した結果、肥料などの生産資材や農産物の取扱業者の経営が打撃を受け、激しい反産運動が展開されたことは周知の通りです。

③　産業組合の機能発揮による国策推進

この産組5カ年計画で注目すべきことは、組織拡大と同時に協同組合としての機能発揮が強調されたことです。新しく設けられた農林省経済厚生部長の小平権一氏は産組5カ年計画に関連し、「不況に対する産業組合の任務はますます重かつ大であり、5カ年計画はその打開策の大部分を占めている」と述べ、「産業組合は本来組合員の相互扶助、自力力行の機関」なので、農産物の販売、肥料など必需品の購買、貯金などで、農山漁民はまずもって自分の経済組織たる産業組合を利用するのは当然で、「泣き言のみを繰り返すのは認識不足で、自覚が足りない者である」[16]と強調しました。そして系統機関の利用は「5カ年計画遂行上何よりも重要なこと」、「産業組合のなき模範村は現代の模範村ではない」ことを併せて主張したのです。

千石興太郎氏も産組5カ年計画の発足に際し、ロッチデールやシュ

ルツェ・ライファイゼンと対比しながら、わが国の産業組合はこれらと異なり、組合員が産業組合の必要性を認識した結果自発的に生まれたものではないので、「組合員の相互協同の観念が欠如していること」、「他力観念のみが発達していること」、「強烈な産業組合意識が発達していないこと」などの問題を指摘し、それを改革してはじめて「農村は都市資本主義の経済的勢力とその延長的派生的勢力の搾取より解放できる」[17]としました。

産業組合はこうした理念に基づき組織と事業の全国的な拡大を目指し、5カ年計画に取り組んだのです。このあと第2次計画（3カ年）を策定・推進しましたが、産業組合が経済更生計画を推進する中心組織として位置づけされたことを考えれば、経済更生計画と産組5カ年計画はコインの表裏の関係にあったということができます。

経済更生計画と産組5カ年計画の開始は産業組合が発足してから30年以上経過してからでしたが、産業組合自体は組織上や事業上多くの課題を抱えていたことは、千石興太郎氏も指摘していた通りです。ただ重要な問題は、当時の状況はその改善を強調しながら総合事業経営の産業組合を全国の全市町村に拡大することは、即国策としての経済更生計画の全農村への徹底を意味していたことです。

とするならば、産組5カ年計画を評価する場合、経済更生計画が歴史上果たした役割についての認識が重要となります。この経済更生計画について、暉峻衆三氏は「第一次大戦以降の慢性不況と小作争議激化のもとで、農民小生産者・小所有者的側面をとらえ、それを上から維持・培養・組織化しつつ、不況と階級対立、支配体制の動揺に対処していこうとする政策」[18]であったと特徴づけられています。また、森武麿氏はその歴史的役割について「農業生産力拡充を一環とする総戦力体制への準備・地ならしを果たすことにあった」[19]とされてい

ます。こうした認識に立てば、産業組合が経済更生計画のもとで取り組んだ5カ年計画は、歴史的には危機にあった国の支配体制の矛盾の緩和と、さらに進んで戦時体制強化の役割も負わされていたということができます。

　日中戦争がはじまった翌年の1938年に国家総動員法が制定され、その直後に策定された物資総動員計画に基づき、既に産業組合は国家統制の実施機関とされ、戦時経済体制の一翼を担うようになっていました。その後、太平洋戦争が激化した1943年6月、産業組合は代表者会（第38回産業組合大会）を開催して「皇軍感謝決議」を行い、さらに農業団体法（同年3月成立、9月施行）により43年の歴史に幕を閉じたのです。

　太平洋戦争に突入したあと国内は総戦力体制となり、日本の国民と全ての組織はこの体制に組み込まれました。したがって、戦争への協力体制を強化したのは産業組合だけではありませんでしたが、産業組合の歴史で消し去ることができない事実だったことは確かです。産業組合のこの歴史はわが国における近代的協同組合の歴史として、戦後の農協にとっても重要な関係があるのはいうまでもありません。

(3) 産業組合の歴史からみた農協の課題

1) 農民＝組合員の主体的参加問題

　産業組合の歴史からみて戦後の農協を考える場合、いくつかの重要な問題がありますが、とくに2点について指摘したいと思います。その一つは発足にかかわる問題です。産業組合法案では欧米の先進的協同組合の理念とあり方が紹介されて審議され、その方向を目指すことが重視されましたが、それにもかかわらず産業組合は結局、「非農民的勢力」に支配され協同組合としての歴史に幕を閉じました。

農協法案審議ではこの歴史を反省し、「非農民的勢力」の支配を脱した農民主体の協同組合として再出発することが強調されました。したがって、農協が産業組合と同じ歴史を辿ることなく、法案審議で重視された本来の協同組合としての活動を行うためには、産業組合が陥った要因の検討とそうならないための対応が重要な課題となります。

　それには国自体の政治・経済体制の問題もありますが、ここでは組合問題に限定してみると、その一つに農協も産業組合と同様農民の主体的な運動ではなく、GHQの指示を受けて制定された農協法により設立されたことがあります。それはこれまでも指摘されていたことです。このため国には農協の組織、事業、運営に直接、間接に指導・関与するべきという意識があり、農民＝組合員にもそれを当然のこととして容認する傾向がみられました。これが農民＝組合員の主体的取り組みを不十分にし、農協を「行政の下請け組織」やその「補助的機能」しか果たしていないとする批判を生む要因にもなっていたといえます。

　もちろん根拠法として法律があることは重要ですが、産業組合の歴史から農協と政府との関係をみると、一面では組合個々としては貴重な取り組みがあっても、総体的にはそれは国家政策に「吸収」され、その一環とされてしまうことにもなりかねません。

　産組５カ年計画でも、組織・事業の拡大強化により農家経済が改善し、また、島根県などで取り組まれた医療活動がその後の農協厚生活動の発展につながるなど、歴史上注目すべき成果もみられました。このため当時の産業組合人が経済更生計画と産組５カ年計画を、世界農業恐慌で疲弊した農業・農村を匡救更生するための運動として認識し、協同組合運動への確信を与えた面もあったことは否定できません。

　しかし、こうした事実と主観的な意識にかかわりなく、経済更生計画が果たした役割を客観的にみるとそれは総戦力体制の確立であり、

そして産業組合はこの体制に組み込まれ、協同組合としての幕を閉じたのが厳粛な歴史的事実なのです。

こうした産業組合の歴史からみて農協に課されている課題は、農民＝組合員の協同意識と主体的、自主的参加を強め、協同組合原則「自治と自立」に基づいた政策確立を目指すことです。

2）協同組合の定義・価値と農協の目的

もう一つは、現在重視されている協同組合の定義・価値にかかわる問題です。周知のように、1995年の国際協同組合同盟（以下「ICA」）大会は協同組合を定義し、共同で所有する事業体を通じ、「共通の経済的・社会的・文化的ニーズと願いを満たす」ことにあるとしました。また、価値については「自助、自己責任、民主主義、平等、公正、そして連帯を基礎とする」と規定しました。

この大会決定と比較すると、産業組合はもとより戦後の農協も、主要な目的は組合員の「経済的」ニーズの実現にあるといえます。これは表1-3からも明らかで、とくに農協法は「経済的」とともに「社会的」な地位向上も規定し、産業組合法では組合員に限っていた「産業または経済の発達」を「農業生産力の増進」や「国民経済の発展に寄与」にまで拡大しています。しかし、組合員のニーズ中心であることには変わりありません。

ただ農業協同組合である以上、農民＝組合員の経済的ニーズを中心課題とするのは当然で、これは世界の協同組合にも共通しています。それにもかかわらずここで注目したいことは、近年、経済的政治的諸情勢の変化を反映し、協同組合にも多様な役割が期待されるようになっていることです。1966年の第23回ICA会では「資本によって支配される制度から人間の尊厳と平等に基礎をおく制度への変更」が強調

表1-3　産業組合法と農業協同組合法の目的

産業組合法	農業協同組合法
産業組合とは組合員の産業またはその経済の発達を企画するため左の目的をもって設立する社団法人（第1条）	この法律は…農業生産力の増進および農業者の経済的社会的地位の向上を図り、国民経済の発展に寄与することを目的とする（第1条）

（注）産業組合法でいう「左の目的」は信用、販売、購買、生産の各事業を指す。

され、1980年のICAモスクワ大会でのレイドロウ報告では「世界の飢えを満たす（食料）」、「生産労働（雇用）」、「社会の保護者（消費物資の流通）」、「協同組合地域社会建設（地域環境）」の四つを、協同組合が優先して役割を果たすべき分野としました。それがさらに発展されて1995年の協同組合の定義と価値規定に結実したといえます。

　その後、協同組合の多様な役割重視の傾向は一層強まっています。2009年11月にスイスで開催されたICA総会は、「協同組合と経済危機」、「持続可能なエネルギー経済を目指して」、「協同組合と平和」の決議を行いました。そこでは世界的な経済危機に直面し協同組合の有利性が明らかとなり、その発展が一層期待されていることを強調しています。同時に、環境保全や平和維持の問題も世界的な不平等、不公正、貧困などにかかわる問題で、協同組合としても重要な課題であることを示したのです。さらに国連は2012年を「国際協同組合年」と決定し、協同組合として多様な課題に取り組むことにしています。

　もちろん、世界が直面している危機の根本に飢餓、貧困なども含めた経済問題があり、新自由主義政策により国際的にも格差が拡大し、経済問題の重要性はむしろ高まっています。これはわが国も例外ではありません。しかし同時に、環境問題、平和問題をはじめとするさまざまな課題への取り組み強化が求められているのも現在の情勢の重要な特徴です。

近年、准組合員の増加など組合員が多様化したため、農協法の目的について意見が表明されています。そこでは職能組合か地域組合かが論議の中心となっていますが、さらに進んで協同組合としての多様な役割を踏まえた制度のあり方、具体的には農協、生協など個別縦割り的な現在の体系を統一した総合的な体系も検討課題であるといえます。

　そうした観点から農協にとっての当面している実践的な課題は、農業団体、経済団体はもとより生協をはじめ各種の協同組合・NPO・社会的弱者団体など、多様な組織との提携を強化することです。農協はこれまでこうした組織との提携については必ずしも積極的でなかったので、本来の協同組合の視点に立った改善が望まれているのです。そしてそれが産業組合の歴史を真に反省し、新しい理念で出発した農協のこれから進むべき方向なのです。

注）
1） 平野力三国務大臣の提案理由はすべて第1回国会衆議院農林水産委員会議録第14号。なお、これは「農業協同組合発達史　4」（資料編）によりますが、以下とくに断らない限り国会審議の資料はこれによります。
2） 「農業協同組合法案について」（農林省　1947年8月1日）『農協法の成立過程』342ページ。
3） 1）に同じ。第15号。農業協同組合法案審議における的場委員に対する平野国務大臣の答弁。
4） 各法案の提案理由説明や審議内容はそれぞれの議事録によります。
5） 平田東助「産業組合法要義」『明治大正農政経済名著集4』（農山漁村文化協会　1977年4月）192ページ。
6） 産業組合史刊行会「産業組合発達史（第1巻）」（1965年6月）329ページ。
7） 奥谷松治著「日本協同組合史」（農業協同組合研究会　1947年6月）62ページ。
8） 佐賀郁朗著「君臣　平田東助論」（日本経済評論社　1987年8月）27ページ。
9） 同上。32ページ。
10） 5）に同じ。
11） 「農山漁村経済更生計画に関する農林省訓令」（第2号）（昭和7年10月6日）。この引用では片仮名を平仮名に、旧字体は新字体に直すなどの修正をしまし

た。なお、とくに断らない限り引用資料は、武田勉・楠本雅弘編「農山漁村経済更生運動史資料集成」（柏書房　1985年6月）によります。
12) 同上。
13) 同上。
14) 全国農協中央会・協同組合図書資料センター監修「産業組合中央会史」（全国農協中央会　1988年12月）272ページ。
15) 「産業組合拡充5カ年計画」『産業組合』（産業組合中央会発行　昭和7年11月）。
16) 小平権一稿「不況に対する産業組合の使命と拡充5カ年計画」（同上）。
17) 千石興太郎稿「農村産業組合拡充運動」（同上）。
18) 暉峻衆三著「日本農業問題の展開（下）」（東京大学出版会　1984年4月）172ページ。
19) 森武麿稿「日本ファシズムの形成と農村経済更生運動」『世界史認識と人民闘争史研究の課題—1971年度歴史学研究会大会報告—』（青木書店　1971年10月）。

第2章　農政展開と農協の農政運動
　　　―「自治と自立」問題中心に―

(1) 農協発足直後の経営危機と政府支援

1) 経営危機の実態と要因

　農協法案審議では「行政庁の組合に対する監督権の制限」が重視されましたが、これは農民主体の確立を目指した農協にとっては当然なことでした。しかし、それにもかかわらず発足直後から農協は深刻な経営危機に直面し、政府の支援を受けることになりました。最初にその要因について検討します。

　はじめに農協経営悪化の実態を示すと、**表2-1**の通りです。農協が発足した翌年の1949年度では、利益金発生組合の53％に対し損失金発生組合は43％で、ほぼ半数の組合は欠損組合でした。1950年度には若干改善し利益金発生組は66％となりましたが、損失金発生組合はまだ28％を示していました。

　農協が経営危機に陥った要因として、当時の一般経済情勢があったことはいうまでもありません。とくに重要なのは、1949年度予算から実施されたドッジ・ラインによる緊縮財政政策でした。ドッジ氏は戦後の日本経済を国の補助金とアメリカの援助の二本足で立つ「竹馬経済」と表現したことで知られていますが、このドッジ氏が示した政策は、戦後のインフレの高進と財政資金散布による経済危機を改善するためとして、国の一般会計と特別会計だけでなく、地方財政について

表 2-1　総合単協損失の推移

(単位：％、千円)

年度	調査組合数	利益金発生組合			損失金発生組合			利益・損失いずれもない組合	
		組合数	発生割合	1組合当たり利益金額	組合数	発生割合	1組合当たり損失金額	組合数	発生割合
1949年	11,419	6,025	53	30	4,937	43	359	457	4
1950	11,046	7,321	66	60	3,123	28	374	602	6
1951	11,657	9,110	78	133	2,255	19	474	292	3
1952	11,955	10,061	84	125	1,549	13	531	345	3
1953	11,870	9,922	84	169	1,683	14	564	265	2
1954	11,987	10,236	85	187	1,552	13	581	199	2

（出所）農林省農業協同組合課「農協整備のすすめ方―農協整備特別措置法の解説」（協同組合通信社　1956年8月）8ページより引用（ただし原統計表により誤りは訂正）。

も収支バランス維持の徹底を目指すものでした。

　このドッジ・ラインにより極端なインフレは収束されましたが、同年実施されたシャウプ勧告による地方税の大幅増額などもあり、日本経済の不況と農家経済の悪化が強まりました。この結果、農協事業もとくに購買・販売事業では多額な在庫と固定化負債を抱え、発足間もない農協は存続の危機に直面したのです。ヤミ経済の上にインフレが高進していた当時の経済状況のなかで、農協は公定価格による手数料主義であったことも、経営危機を促進させた要因でした。

　しかし、こうした客観的な経済情勢と同時に、経営危機をもたらした要因に固有の問題もあったことを強調したいと思います。そのなかでとくに重視したいのは、事業体よりは組織体としての農協設立が優先され、農協が乱立したことです。いま単位農協の設立動向をみると表2-2の通りで、発足直後の1948年と1949年の2ヵ年間の設立が如何に急速だったかが明かです。認可されても存続できず解散した農協もあるので、実際の農協数は設立認可数を下回りますが、農協が著しく設立されたことには変わりはありません。

表 2-2　農協・連合会の設立状況

年月	単位農協			連合会
	出資	非出資	計	
1948年2月	—	—	158	0
1948年12月	15,154	12,665	27,819	802
1949年12月	16,892	16,299	33,191	1,094
1958年3月	20,323	19,726	40,049	1,712

（資料）農林省農協部統計
（注）各月とも15日現在の設立許可累計数である。
　　　「農業協同組合制度史Ⅰ」405ページより引用。

　政府は農協設立に際し、一般農民が農協の主旨をよく理解しないままに農業会役員や行政庁官吏が関与することに注意を喚起し、あくまでも農民の自主的発意に基づく設立と運営を強調していました。しかし一方では、政府自身の「農業協同組合のいろは」をはじめ官民あげて多様なリーフレット、パンフレット、ポスターなどが作成され、普及宣伝が徹底されました。それと並行しラジオ、新聞を通じた解説はもとより各種の講演会、説明会も開催されたのです。政府の農協担当責任者自身、「（農協は）組織体としての強化をまず考えるべきで……一時、事業体として経済力が弱まってもやむを得ない」と述べていたことは[1]、政府みずから農協の設立増加を如何に重視していたかを示しています。

　こうして急いで設立され発足した農協には、当然のことながら出資総額が低いこと、組合が引き継いだ農業会資産の中に不健全なものがあったこと、農協経営者・役員が適任者でなかったことなどの問題がみられ[2]、前述した経済不況のもとでの農協の経営危機を一層促進する要因になったといえるのです。

2）政府支援の内容と農協の設立理念
　① 政府支援の内容

　この経営危機に際し、農協自らも出資増加、貯蓄増加、各事業の計画化運動などに取り組み、経営改善対策協議会を設置し農協の資金需要と融資対策を講じました。さらに1950年度には事業運営の総合計画化、販売・購買事業の計画化、資金増強と財務の健全化などを柱とした農業協同組合振興刷新運動を展開しました。

　しかし、こうした独自の取り組みだけでは経営危機を改善することは不可能で、政府の支援が不可欠なことが明らかになりました。そこで政府は1950年5月、農協法を改正し財務処理基準の設定や行政庁による常例検査などが行えるようにし、さらに1951年には、農協組織からの要請もあり、農漁業協同組合再建整備法（のちに農林漁業組合再建整備法と改称。以下「再建整備法」）を制定しました。そして事業継続に著しい支障を来すことなしに債務弁済ができない組合については、再建整備の目標条件を満たすことができるよう行政庁は指導援助するとともに、増資奨励金の交付と固定化債権・在庫への利子補給および行政検査も行えるようにしたのです。

　こうした一連の政府による支援対策は、農協法案審議で強調された「行政庁の組合に対する監督権の制限」に悖る措置であったのはいうまでもありません。それにもかかわらず再建整備法を制定したのは、農協経営の改善は本来の理念よりすれば自主意欲に基づき自らの責任と努力で行うべきものであるが、客観的、主体的条件が悪化しているため、国の何らかの施策が必要なためでした[3]。

　再建整備法制定後は、利益金発生組合数の割合と1組合当たりの利益金額が増加し一定の改善がみられました。しかし一方では、損失金発生組合数の割合は低下するが1組合当たりの損失金額は逆に増加す

るなど、農協間の格差が拡大し、農協経営の不安定化が継続していたのです（**表2-1**）。

その後、連合会についても経営問題が明らかになり、1953年8月、農林漁業組合連合会整備促進法（以下「整備促進法」）が制定され農林中金、信連などの金融機関が連合会に対し行った利子の減免について、政府が助成措置を講ずるようにしました。この整備促進法の実施期間は法律では10年以内となっていましたが、「実際の整備計画では最長10年、最短2年3ヶ月、平均して7年4ヶ月」[4]であったといわれています。この法律により全販連（当時）を含め連合会の整備が促進されたのです。

なお、全農を中心とした農協経済事業改革推進の際、農林水産省は整備促進7原則を掲げ現在の経済事業のあり方を問題視していましたが、整備促進自体は連合会の改善・改革を目指したものであったことを指摘しておきます。

② 農協設立の理念と実態

これまで述べたことは、経営危機の要因には一般経済情勢や多様な独自問題があったとはいえ、政府の強い支援のもとで推進された事業体より組織体を優先した農協設立もその一つだったことを示しています。これは農協法案審議で強調された理念に明らかに反しており、産業組合の「非農民的勢力」の支配を反省し「農民主体」を目指した農協も、国政の推進体制に組み込まれ、その後の農協のあり方を規定する原因になったといえるのです。

確かに、戦後民主化が強調されるなか、農地改革の実施により寄生地主制が解体されて自作農体制が確立し、農村と農業は大きく変貌しました。新たな理念に基づいて農協が設立されたのもそうした状況の反映でした。しかし、実際に設立された農協は政府との関係をはじめ

組織・経営形態、組合員や役職員の意識などは、目指された理念に相応しい改革が不十分なまま出発したといえます。

その後、基本的な改善があまりみられないまま現在に至っているので、農協には本来の協同組合として「自治と自立」原則に基づいた改善・改革が望まれているのです。そして設立経過からみて、それは農政展開における農協の役割にも直結した問題でもあります。

（2）農協に求められた国政上の役割──米政策を中心に──

1）緊急課題の食料安定確保対策と農協

政府が農協の経営危機を支援した背景には多くの要因が考えられますが、重要なのは当時の食料需給対策で農業団体が担わされていた役割に求めることができます。戦後の食料需給は極度に逼迫し、それに対し政府は輸入依存対策とともに主要食糧の供出・配給対策を強化しました。食糧緊急措置令を勅令として公布し（1946年2月。9月に法律）、国家権力による確保対策を強め、超過供出に対する特別報奨金の交付や食糧確保臨時措置法を制定し（1947年7月）、供出量の事前割当制や集落責任制なども導入しました。

この食料確保上、農協は重要な役割を果たすことになりました。それまでも政府が買い入れた米麦は「食糧営団または政府の指定する者」（食管法第4条）に売り渡されることになっており、当初は産業組合、農会その後農業会がその指定団体とされていました。

1948年2月、食糧営団に代わって食糧配給公団が発足し、同年7月に農業会が解散されました。これに対応するため政府は、1947年11月、「主要食糧の集荷及び配給制度要綱」を決定し、併せて食管法施行令を改正しました。その結果、食糧の集荷機構は「農業協同組合、指定商人、政府への直接販売のいずれをも併用する、いわゆる多元集荷の

制度」[5]となりました。この集荷機構改革後は指定業者数の88％、登録生産者数の96％を発足間もない農協が占め、米麦など主要食糧の供出に重要な役割を担うことになったのです[6]。

　このように政府が集荷組織として農協を重視した理由は、全農民が加入し、しかも全国の全市町村に設立されていたため、集荷組織としては最適であったからです。同時に政府には農協集荷によるヤミ市場克服の意図もありましたが、いずれにしても集荷組織としての農協の経営危機改善は、食料需給対策上からも不可欠な課題だったのです。

2) 米政策の展開と農協

　食料需給対策における政府と農協の関係は、戦争直後の混乱期という特別な時期における一時的な現象ではありませんでした。このことは先進資本主義国の協同組合としては極めて特徴的で、わが国の農協のあり方を考える上でも重要な問題を提起しています。ここでは米の集荷・流通対策および需給調整を中心にこの問題を検討します。

　① 集荷・流通対策と農協

　1955年産米の豊作を契機に、わが国の食料需給は改善の兆しが見られるようになりましたが、1950年以降における米対策の変化と農協の関係を集荷・流通対策を中心に示すと**表2-3**の通りです。

　この表から指摘できる重要な特徴は、米需給が緩和したとはいいながらまだ不安定だった1950年代後半から1960年代はもとより、過剰基調に転じた1970年代以降でも、米の集荷と流通における農協の重要な役割にはあまり変化が見られないことです。

　戦後の食料需給で食管制度は重要な役割を果たしましたが、米の需給動向に応じて制度も変更されてきました。その一つの転換点ともいえる大きな変更が1969年に導入された自主流通米制度です。これによ

表 2-3 米の集荷・流通対策と農協

年次	主な対策の特徴と内容
1951 年	食糧確保臨時措置法の失効に伴い供出制度は事前割当制から事後割当制に変更
1952 年	特別集荷制度が導入され農協は特別指定集荷業者となる
1955 年	事前売渡申込制度の導入により農協は集荷組織として重視され、全国・都道府県に設置された米穀売渡推進機関の構成団体となる
1960 年	米価算定方式がパリティー方式から生産費及び所得補償方式に変更
1961 年	河野構想の発表（農協は反対）、農業基本法制定
1969 年	自主流通米制度の導入。当初農協は導入に反対したが最終的には受け入れ
1970 年	米生産調整の本格的開始。農協には反対意見が強かったが「政府主導」を条件に推進。
1971 年	予約限度数量制の導入
1981 年	食管法改正で厳格な配給統制の廃止、自主流通米制度の法定化、集荷業者、販売業者を指定制、許可制とし、流通ルートの特定などを実施
1988 年	米流通改善大綱を決定し、集荷、販売の各段階における競争条件を一層強化
1990 年	自主流通米価格形成機構の確立（食糧法により自主流通米価格形成センターとなる）。
1993 年	ウルグアイラウンド農業合意
1995 年	食管法廃止、食糧法施行。これにより政府米、自主流通米は計画流通米となり、また、米流通業者は登録制とされ新規参入が促進。
2002 年	生産調整に関する研究会が報告書提出。それに基づき米政策改革大綱が決定され、農業者・農業者団体主役の新たな生産調整システムを提示
2003 年	食糧法改定。生産調整方針策定を生産出荷団体とし、計画流通制度廃止などが決定
2007 年	米緊急対策を決定。全農による 10 万トンの非主食用（飼料用）への処理などを提示

（資料）「食糧管理史」および関係資料。

り政府米とは別に自主流通米も認められましたが、政府米と同じく農協はその指定集荷業者（単協は一次、経済連は二次、全国連は指定法人）とされました。しかも制度発足当初は、自主流通米には産地から消費地への運搬費などのコスト負担があるため、政府米より不利になるとして各種助成金が支払われ、農協はその実務にもかかわることとされたのです。

また、1981年の食管法改正で厳格な配給制度が廃止され、自主流通米制度の法定化と集荷業者は農林水産大臣の指定制、販売業者は知事の許可制として流通ルートが特定されましたが、この指定集荷業者の業者数と集荷量ともに農協系が大半を占め、米集荷における地位はむしろ強化されたのです。

その後市場メカニズムの導入が促進され、集荷、販売の各段階において新規参入が進み業者間の競争が強化されました。また、食管法が廃止され食糧法が制定されるとともに「作る自由、売る自由」が強調され、生産者の独自販売が拡大する一方、小売業者などの産地指定など米流通への参入が促進され、流通経路の多様化が進みました。その結果、集荷率は低下する傾向がみられるものの、農協はいまなお米の集荷・販売において重要な地位を占めています。

いうまでもなく、食管法では米の集荷・流通における農協の機能は法律に規定されており、国の政策にしたがった事業でした。その上、米は農業生産上と農協事業上重要な地位を占めていたので、食管法のもとでの米対策事業は政府にとっては需給安定が図られると同時に、農協の事業・経営の安定にもプラスでした。このため食管制度に胡座をかいた販売事業でマーケティングが不足しているとして、農協批判の原因にもなりました。

食管法が廃止されて食糧法となり、米の集荷・販売組織の指定制と

認可制が廃止されました。このため政府との関係が変化し、米の流通でも自由化が促進されているので、これに対応して米対策事業を改革していくことが、農協の課題なのはいうまでもありません。

② 需給調整と農協

米の集荷・販売対策は食管法に基づいていたのに対し、需給調整＝生産調整は行政指導で実施されてきました。それにもかかわらず、当初あった生産者の強い不満が緩和され、実施率も100％を上回るような状況で生産調整対策が推移してきたのは"米が過剰になると財政負担が増加し食管制度が崩壊する"という不安が強調されたからでした。これは生産調整の本格的実施に先立つ1969年11月、12月、政府・自民党が行った「申し合わせ」とその後の経過をみれば明らかです。この「申し合わせ」はその第1に「食管制度の根幹は維持すること」を掲げましたが、農協はこれを受けて同年12月、「われわれは、あくまでも食管制度を堅持する見地に立ち、……政府及び地方行政機関が責任をもって生産調整を行うのであれば、協力を惜しむものではない」[7]とした「申し合わせ」をし、生産調整を推進することにしたのです。

その後、農協は「食管制度維持」に加え、「米価の維持安定」、「米自由化反対」を掲げ生産調整を推進しました。また、当初条件とした「行政主導」でも、自らの問題として主体的に取り組むべきだとの意見が強まり、1979年に決定した「1980年代日本農業の課題と農協の対策」では、80万ha（当時の実績の1.8倍以上）の生産調整面積を示し、米需給動向に応じた農業生産の再編成を強調しました。これは農協として一歩踏み込んだ生産調整対策で、「減反強化への行政との一体化」[8]であると批判されたほどです。

しかし、これまでの特徴は「行政主導」といい「行政と一体」といっても、実際の推進上では大きな違いがなく、生産調整方針＝需給計画

の策定は政府・行政に責任があり、農協が実施組織であることにはあまり違いがありませんでした。実際、各地では行政、農協をはじめ関係団体が参加した「協議会」で米生産調整が推進されてきたのです。

それが制度的に大きく変化したのが、2002年の「生産調整に関する研究会報告」とそれに基づいた米政策改革大綱からでした。そこでは、「農業者・農業者団体が主役」で行政はその自主的取り組みを単に支援するという新たな米需給システムが提言されました。そして2003年には食糧法が改定され、「生産出荷団体等が生産調整方針を作成」し政府はこれを「認定する」だけとなり（法第5条）、制度上生産調整の実施主体は根本的に転換されたのです。つまり、生産調整対策は「生産出荷団体」＝農協主体とされたのです。

しかし、この政策転換には農協の協同組合としての特徴から、重要な問題がありました。それは、農協は生産農民が自由意志に基づいて組織した、加入脱退自由な民主的な組織なことです。当然、生産調整推進という国政上重要な課題であっても説得と合意が基本で、行政的な圧力によるべきではありません。ましてや不参加を理由に不公平な取り扱いをしたり組織から排除できないのが農協です。近年、生産調整推進で市町村との「ワンフロアー化」を実施している農協が80％以上もあることは[9]、これまでの経過を踏まえた実態で、食糧法改正で示された対策に対する現場からの批判であるともいえるのです。

ただ、「自治と自立」の協同組合原則からみて、米需給調整＝生産調整における「ワンフロアー化」をはじめ行政との一体的推進をどうみるか、が問題となります。実際、民主党連立政権となり米政策推進でも「農協外し」が強まっているともいわれていますが、そうした状況にかかわりなく、農協は地域の農業・農村の活性化に取り組むのは当然としても、協同組合原則に基づいた行政対応の再構築が課題に

なっているのです。

（3）農協の農政運動と協同組合原則

1）農協農政運動の特徴
① 農政課題と運動方式

　農協は米政策に限らず農業政策について、国との一体的推進を図ってきましたが、いうまでもなくその背景には農政運動がありました。農協の農政運動といえば、米をはじめとした農産物の価格対策のほか生産・流通対策、農業構造対策、課税対策（所得税、固定資産税など）などがありますが、それ以外にも戦争直後の電柱敷地補償料問題のほか、農民の健康問題、農産物自由化反対などの課題に取り組み、最近では農用地利用調整の役割も高まっています。

　この農協農政の運動方式は課題により異なりますが、60年代以降から強められた米価運動を中心にみると、要求を決定したあとでは、a. 政権与党である自民党の農林部会、総合農政調査会などを中心に働きかけて担当議員を定め、その議員を通じて要求内容の説明と折衝を重ね、重要課題では議員による「対策協議会」などを組織する、b. 一定の時期に与党自民党をはじめ野党の議員の出席を求め組合員大会（全国・各県ごと）を開催する、c. 大会終了後はデモ行進を行い、中央組織は各党の主要役員、各県組織は地元選出議員への要請行動を行なう、d. 大会に出席した議員名と要請事項への応答内容を翌日発行の情報などで報告する、が共通して指摘できました。

　こうした運動方式により、中央機関・地元農協を通じて政党だけでなく特定議員との関係が強まり、この特別な関係を通じて要求を実現するのが農協農政運動の一般的な形態でした。そしてこうした関係の集約が、その議員の「貢献度」を考慮した上での選挙支援であり、農

協が開催する大会と要請活動に地元選挙区の責任者の上京を求め、地元選出議員対策が重視されたのもこうした理由からです。これがいわゆる「族議員」の存在にもつながったのはいうまでもありません。

ただ経過からみて重要なことは、農協農政運動の如何にかかわりなく、政府は与党である自民党内の農林部会や総合農政調査会などの関係者（農林議員）と密接な協議を重ね、対策を策定してきたことです。その過程で農協など農業団体の意見を聴取し修正されることもありましたが、主導的な役割は政府と自民党にあり、基本的には両者で協議し合意された内容が決定政策となりました。これは国政を司る上である意味では当然なことです。

いずれにしても、政府・自民党＋農協の3者によるこうした農政推進体制は、55年以降の自民党の長期に亘る一党支配のもとではじめて可能なことで、農政における政治的、社会的な安定装置の役割を果たしてきたということができます。

② 政府・政党との新たな関係

1998年12月、米の関税化が政府、自民党（農林議員）、農業団体の3者で構成された「WTO農林水産問題三者会議」で決定されたのを契機に、農政推進体制がトライアングル構造として強調されるようになりました。そして、農協が政府・自民党中心の体制にさらに強く組み込まれたものであるとする批判も強まりました。

もちろん農協も全ての問題で当初から無条件に政府・自民党の政策を支持してきたわけではありません。それはこれまでの食管制度や農産物価格問題、農産物輸入自由化問題、市街化区域の宅地並み課税問題などの運動経過をみれば明らかです。

また農政運動とは別に、日常的には地域農業振興計画の策定・推進と農産物の生産・販売などの営農活動、農業者の経営・税務相談など、

農協は農政以外の多様な活動も行っています。これまでも農協の厚生事業は治療と予防の両面で重要な役割を果たしてきましたが、近年高齢化が促進されていることもあり、介護も含めた農協の取り組み強化が一層期待されるようになっています。つまり、各地域の農協は農民＝組合員が直面している多くの課題に取り組んできました。

　ただ、そうした個々の役割を認めつつもとくに近年の農協活動を農政運動中心にみると、政府―自民党（農林議員）―農協の構造的トライアングルの枠内での運動という傾向を強め、以前に行われた組合員大会や大衆行動もあまりみられなくなっていたのも事実です。その一方で国政選挙への取り組みが継続されてきたこともあり、政権与党との関係についての農協批判を強める要因にもなったといえます。

　もちろん、国政選挙を通じた政府・政権政党との関係は農協だけではなく、経済団体、労働団体をはじめ他の組織にも一般的にみられますが、農協は協同組合原則に基づいた組織なので、その理念からみた農協農政運動批判という特徴もありまた。政権交代を契機に協同組合原則に基づいた農協農政運動の再構築が求められている所以です。

　なお、この農政トライアングルについて山下一仁氏は「その要にいるのが農協」で、農協や農林族議員は依頼人で農水省はその利益代理人であるとしています。その上で「霞ヶ関は最高のシンクタンク」であるが、農協が自己の利益を推し進めると農水省も危機にさらされ、「金の卵を産む雌鳥を殺す」ことになるとも述べています[10]。農協を農政トライアングルの「要」にすることは事実に反しており、とくにその根拠の一つとして、農協が「自己の利益」のために食管制度維持を主張したとしていますが、これは当時大多数の農民＝組合員が要求したことで農協としては当然なことです。さらに、農水省を「最高のシンクタンク」や「金の卵を産む雌鳥」としながら、一方では農協や

農林族議員の単なる「利益代理人」としていることは、農水省にも責任のある「汚染米」などさまざまな不正事件の責任回避ともみることができ、世間一般の認識とは異なる理解できない意見といえます。

③ 農政運動体制の整備と政権交代

具体的な運動を進めながらも、農協は要求内容の多様化に対応し農政運動体制のあり方についての検討も行ってきました。1967年開催の第11回全国農協大会では「作物別生産者部会を基礎とした農政運動体制の確立」を決議しました。その3年後の1970年3月、全中理事会はこれに基づき米穀、酪農・畜産、青果について対策本部を設置することを決定し、その後の農産物価格対策はこの作物別対策本部ごとに行うことにしました。この方針を組織に徹底するため、同年10月開催の第12回全国農協大会では、「基本農政の確立ならびに農政活動体制の整備に関する決議」を行ったのです。

こうした組織内部の体制整備をさらに新たな方向で強化したのが、1989年6月の全国農業者農政運動組織協議会の設立です。これは「農協と不即不離の関係をもって活動する農業者による農政運動組織の強化」という全中理事会の決定に基づくもので[11]、これまでとは異なり農協とは別組織による国政選挙への取り組みを目指したところに大きな特徴がありました。その後の2006年4月、この協議会は全国農業者農政運動組織連盟（以下「全国農政連」で統一）となっています。

現在、全国農政連には47都道府県すべての組織が加盟し、全中と連携して農政活動を行っていますが、特徴的なのは国政選挙における推薦候補者の決定です。全国農政連は発足後の参議院選挙から毎回の衆参員選挙において推薦候補者を決定しその支援に取り組んできましたが[12]、政党別では自民党が大半を占めていました。

しかし、政権交代後の初めての2010年の参議院選挙では選挙区の推

薦候補者を決定しましたが比例区は決定せず、自主投票としました。その理由はこれまで全国農政連は推薦要件として、農政運動組織・農協グループの代弁者と認められること、地元県農政運動組織・中央会の推薦があること、全国農政連との政策協定の締結、の３つを掲げてきましたが、比例区ではその要件を満たす候補者がいないためでした。これは政権交代により全国農政連を含め農協農政も重要な転換期にあることを示すものです。

２）農協農政の改善方向

① 政治的・宗教的中立の意味

これまで述べた農協農政の実態は協同組合のあり方としてどうみるべきか、それが重要な検討課題となります。周知のように、協同組合原則の一つに、「政治的・宗教的中立」がありました。この原則は1937年のICA大会（パリ）で決定され、1966年のウィーン大会で廃止されたものです。廃止理由は、「中立」という言葉は「受動性および無関心という含蓄を持っている」[13]からでしたが、注目したいのは、この大会では同時に、協同組合としての政治的・宗教的問題へのかかわりを否定したものではないことが強調されたことです。大会ではむしろ、こうした問題に協同組合人としては無関心であってはならないとし、その対応の基本的あり方を示したのです。

その内容を要約すると、a. 組合員が選んだ政治・宗教団体は組合員の自由に任せること、b. 組合は政党や宗教団体に追随することで協同組合本来の任務遂行を危なくしないこと、c. 組合は組合員の支持を保持する立場から不偏不党で党およびその関係から独立していること、d. 組合自身の利益と協同組合原則に基づいた方針を終始一貫すること、となります。

そしてこの大会は、合意に基づいた共通の手段で政治課題を追求することは協同組合運動の目的と精神に一致すると述べ、併せて世界的な大問題（戦争回避、軍備撤廃、飢餓・窮乏など）にも無関心であってはならないとしたのです[14]。

　1995年のICAマンチェスター大会は協同組合の定義、価値と同時に新しい原則を示しました。その一つの「自発的で開かれた組合員制」では、協同組合は性別や社会的・人種的・政治的・宗教的な差別を行わないことを改めて明記しました。同時に、「自治と自立」原則が新たに加えられ、協同組合と政府とは「開かれた明瞭な関係を築（く）」[15]ことであるとし、本質的に自治的であるべきことを強調したのです。これは、1966年大会で廃止した「政治的・宗教的中立」原則をその後の情勢の変化に応じ発展させたものといえます。

　わが国の農協農政のあり方を考える場合、こうした世界の協同組合運動で確認されてきた原則を基本とするべきなのはいうまでもありません。とくに1966年のICA大会で「政治的・宗教的中立」原則が廃止された際に強調された内容はきわめて重要で、協同組合としての政治的・宗教的問題についての基本原則ともいえるもので、「自治と自立」原則とともに農協農政の指針とするべきです。

　② 政権交代と農協農政

　農協農政の自民党偏重は農協設立の当初からそうであったわけではありません。1955年の保守合同で自民党が結成されるまでは、与党といっても保守では自由党、民主党のほか自由党と民主クラブが合同した民主自由党など、政権交代と統合による党名変更で政党名は多様でした。政党全体でも同様で社会党（左・右）をはじめ多数があり、「協同」思想関係では日本協同党・協同民主党・国民協同党がみられ、また参議院では「非政党化」を旗印にした緑風会もありました。したがっ

て農業・農協関係者の所属政党も多様で、農協農政も与党中心ではありましたが特定政党に限ったものではありませんでした。

それが保守合同により自民党単独の長期政権となり、農業・農協関係議員の所属政党をはじめ農協農政は与党依存を強めると同時に、自民党偏重という特徴をもつようになったといえます。

農協農政が与党自民党偏重となった要因にはいろいろありますが、農業は国の政策に負うところが多いので、政権与党の自民党との関係を密にすることで「実利」を確保しようとしたことにあったと集約できます[16]。それは自民党からみると、地元優先の「実利」確保は政権の維持・安定を図る上でもプラスになり、両者の目的が一致したからです。しかし、特定政党に偏重した農政運動は協同組合原則とは矛盾していることは明らかです。2009年の政権交代により農協農政でも政党との関係が等距離等間隔の「全方位外交」が改めて強調されるようになっているのはそのためで、全国農政連の対応変化もそれを反映しているといえます。

もちろんここで述べたことは、相手が自民党ではなく民主党など他の政党ならばよいということではありません。前述した基本原則からみても、協同組合としては政党との関係は不偏不党で、農民＝組合員の自発的意志に基づいた自主的・自治的組織としての運動を目指すことが必要なのです。したがって今後農協農政に求められるのは、政権交代を契機に協同組合原則に基づいた新たな運動方法の構築と展開なのです。

なお、こうした関係改善は政党自体にも要求されることです。いかなる政党であっても自党の政治的利害を優先した判断から、農協を利用したり排除したりするべきではないのはいうまでもありません。その意味で、民主党が2010年度予算案内容の「個所付け」を事前に民主

党県連のみに連絡したり、「貢献度」に応じた予算配分を行うといいながら、一方で農協は自民党の「集票組織」であったとして、「自民党を根絶する」ことを狙って「農協外し」を進めているといわれましたが、それは責任ある政党の採るべき方策ではありません。「農協外し」は農業関係団体すべての見直しとなり、農政推進体制を大きく転換することにもなります。

さらに政党との関係で農協農政にとって重要なことは、選挙においては組合員の政治的信条の自由を保障することです。わが国では、企業・経済団体や労働組合などが国政選挙において特定政党・個人を組織として支援し、会員・組合員にもそれを強制する例がみられますが、これに対する批判は強く改善するべきです。とくに農協は協同組合なので、組合員個人や別組織によるのではなく、組合として特定の政党・個人の支持を決定し、これを組合員の意志に反して強制することは、「協同組合本来の任務遂行を危なく」するものであるとして、1966年ICA大会が退けたことです。

現在、ICAには89カ国、233の協同組合が加盟しています。したがって、各国の政治体制や経済の発展状況および同一国内でも各協同組合の発生経過などにより、政府との関係は一様ではありません。政府と一体のような協同組合もあれば、まったく独立した協同組合もあります。そして如何なる形態をとるかは、各国、各組織で自主的に決定するべきことで、画一的な形態を求めるべきではありません。しかし重要なことは、いずれの国のいずれの組織も、協同組合である限り国際的に決定されている協同組合原則にしたがったあり方を追求するべきなのはいうまでもありません。そうでなければ協同組合としての存在理由がないからです。

これをわが国の農協についていえば、設立以降政府とは他の先進国

ではみられないような特別な関係にあり、農協農政に対する批判もあります。それを協同組合原則に基づいて再構築することが強く要請されているのです。現在の農業・農村をめぐる状況は、真の意味での農民政治力結集による農政改革を必要としているので、農協農政の果たすべき役割は重要になっているのです。

注）
1）「農業協同組合制度史 2」（協同組合経営研究所　1978年3月）441ページ。
2）同上は「農協が乱立したこと」ことのほか、「出資総額がきわめて低いこと」、「組合が引き継いだ農業会資産のなかには不健全なものがあったこと」、「経営者―役員が必ずしも適任者ではなかったこと」、「連合会が乱立したこと」、「役職員の協同組合理念の不足」の6項目を経営不振に陥った農協の欠陥として指摘しています（442～444ページ）。
3）農業協同組合課編「農協再建整備のすすめ方」（協同組合通信社　1956年8月）3～4ページ。
4）1）に同じ。575ページ。
5）「食糧管理史　各論Ⅱ」（食糧庁　1960年4月）426ページ。
6）この集荷機構改革後をみると、指定業者数では合計14,110のうち農協12,392、商人1,718で農協の割合は88％、登録生産者数では合計5,781,268のうち農協5,567,247、商人214,021で農協の割合は96％となっています（48年9月1日現在）。つまり「多元集荷制度」により主要食糧の集荷は農協中心であることが明らかになったのです（同上。442～445ページの表による）。
7）「農協年鑑」（1971）362ページ。
8）「朝日新聞」（1979年11月14日）
9）「平成19年度【全JA調査】調査結果報告」（全中　平成19年10月）
10）山下一仁「農協の大罪」（宝島社　2009年1月）。
11）「農協年鑑」（1990）147ページ。
12）「JA全中五十年史」（全中　2006年3月）182ページ。
13）「協同組合原則とその解明」（協同組合経営研究所　1967年4月）56ページ。
14）同上。57～59ページ。
15）日本生活協同組合連合会企画・編集「21世紀を拓く新しい協同組合」（1996年1月　コープ出版）31ページ。
16）川井田幸一全国農政連会長の意見（「朝日新聞」2009年8月14日）

第3章　農協の組織・事業と協同組合原則

(1) 組合員の多様化と新たな課題

1)「多様な経済的弱者」の農協

　近年における農協組合員の動向を示したのが**表3-1**です。この表から、a. 正組合員の減少と准組合員の増加、b. 正組合員数と総農家戸数の格差拡大（1戸複数組合員化）、c. 農家経済の農業依存度の低下、の3点が指摘できます。現在、農協の組合員では正組合員の減少と准組合員の増加が問題とされていますが、表が示していることは、正組合員の経済実態も含めた農協組合員の「非農業者化」です。

　周知のように、現在の農協法は「農業者の協同組織の発達を促進」することにより、「農業生産力の増進」と「農業者の経済的社会的地位の向上」を目指すことを目的として規定しています。したがって、正組合員も含め組合員の「非農業者化」が進んでいることは、農協法の趣旨と実態との乖離が拡大していることを意味します。しかもそれがさらに拡大すると予測されるため、「職能組合」か「地域組合」かをはじめ農協法の目的規定の変更も課題とされるなど、今後のあり方についてさまざまな意見がみられるのです[1]。

　こうした現状を念頭におきながらここで重視したいのは、農協組合員の「非農業者化」が進んでいるといっても、正組合員、准組合員はともに基本的には現代資本主義社会における「経済的弱者」[2]に変わりはないことです。したがって現在みられる組合員の「非農業者化」

表 3-1　組合員と農家の動向

(単位：千人、千戸、%)

項目		1990 年	1995 年	2000 年	2005 年	2006 年	2007 年
正組合員数		5,544	5,462	5,249	4,998	4,942	4,888
准組合員数		3,065	3,602	3,859	4,190	4,380	4,544
計		8,609	9,064	9,108	9,188	9,322	9,432
総農家戸数		3,835	3,444	3,120	2,848	—	—
販売農家数		2,971	2,651	2,337	1,963	1,881	1,813
構成比	専業	15.9	16.1	18.2	22.6	23.4	23.8
	第1種	17.5	18.8	15.0	15.7	14.0	14.0
	第2種	66.5	65.1	66.8	61.7	62.5	62.3
農家農業依存度		13.8	16.2	13.1	(24.6)	(24.6)	(24.7)

（資料）「平成21年版　食料・農業・農村白書参考統計表」（農林水産省）
（注）1）農業依存度は農家総所得に対する農業所得の割合である。
　　　2）2005年以降の農業依存度は農業経営関与者（経営主夫婦及び年間60日以上農業に従事する世帯員）に限定したもので、それ以前とは接続しない。

は、農協が「農業者である経済的弱者」の組織から「農業者も含めた多様な国民層の経済的弱者」（以下単に「多様な経済的弱者」）の組織に変化していると換言することができます。このように考えると、農協の「非農業者化」問題は、協同組合本来の在り方として現代資本主義社会における「多様な経済的弱者」の課題にどのように対応するべきか、が問われていることということができます。「非農業者化」が著しく進んでいる地域の農協ではなお更です。

2）農協本来の役割と組合員多様化問題

① 重要な組合員の課題優先

准組合員の増加もあり組合員の「非農業者化」が進んでいるため、「職能組合」か「地域組合」かが農協の課題となっていることは前述しました。このことを理由に農業への取り組みを軽視する傾向も一部

にみられますが、大切なことは、組合員構成の変化の如何に係わらず農協である限り農業への取り組み強化が不可欠なことです。これは換言すれば自発性と民主的運営を基礎に、まず正組合員が抱えている課題への取り組みを重視することです。

　しかし現状では多くの問題があります。まず組合員についてみると、制度的には農民の自由意志に基づき加入脱退は自由ですが、実態は農民であれば全員が自動的に正組合員になる「当然加入」なことです。このため農協発足時から組合員と農協役職員の協同組合意識の向上が課題となってきました。それが近年、世代交代により一部では後継者組合員の協同組合意識の変化も指摘されており、組織基盤の「液状化」が進んでいるといえます。

　こうした現状を改革するにはいろいろ考えられますが、まず必要なのは、組合員が最も関心を持っている問題は何かを明らかにし、その解決に取り組むことです。現在、経営収支が悪化しているため、営農指導員や生活指導員の削減など指導部門の縮小や不採算部門の切り捨てが強化されています。それが組合員・地域との距離を遠くし、組合員が最も関心のある課題解決組織としての特徴をますます希薄化させているのが多くの農協の実態です。

　この現状を改善することですが、それには農協が地域農業振興に責任のある組織であることを示すことです。一例として現在営農指導対策で地域農業戦略を計画化していない農協が40%以上みられますが[3]、この割合を高めることも重要な課題なのではないでしょうか。

　もちろん、農協が地域農業振興を重視することは、「農業的課題」だけを取り組むことではありません。前述したように正組合員といっても、准組合員と共通した「非農業的」側面を強く持つようになっています。したがって農協に求められているのは、「農業的課題」と「非

農業的課題」を対立したものとするのではなく、准組合員の運営参加対策も含め組合員本位を徹底し、両者を統一して取り組むことです。「職能組合」か「地域組合」かにかかわらず大切なことは、協同組合としての基本理念の確立とそれに基づいた取り組みなのです。

② 現代における農協の「共益性」と「公益性」

現在の農協は資本主義社会における「多様な経済的弱者」としての特徴を強めていますが、それは正組合員だけでなく准組合員も含めた多様な組合員の多様なニーズの実現が課題になっていることを意味します。この特定された組合員のニーズの実現を目指した取り組みは協同組合として当然なことで、「共益性」の追求ということができます。

同時に、この「共益性」を追求しようとすれば、それらを基本的に規定している地域問題やさらに進んで国全体の経済・社会体制の問題があります。これは「共益性」に対し「公益性」の追求といえます。とくに市場原理主義により格差政策が強められている現在、組合員の地位向上と地域の活性化を図るためには、市場原理主義に基づく政策自体への対応も不可避な課題です。

農協は組合員主体の原則から、まず「共益性」を徹底するのは当然ですが、併せて「公益性」の追及も同時に要請されているのが、現在の情勢の重要な特徴です。近年、全国農協大会でも「地域農業」だけでなく「地域社会」も課題となっているのは、こうした客観的情勢を反映した結果といえます。

（2）農協の規模と管理・運営の民主化

1）農協の規模拡大と管理・運営問題

1960年度に12,050あった単協数は、現在では724（2010年3月）に減少しています。これは農協合併が進んだためですが、この結果規模

表 3-2　農協の規模拡大と組合員対応などの変化（1農協当たり）

（単位：人）

事業年度	正・准組合員合計（個人）	役員数（理事・監事・経営委員）	職員数	出先機関数	役員1人当たり組合員数	役員1人当たり職員数	職員1人当たり組合員数	出先機関1カ所当たり組合員数
1960年	606.9	13.8	13.5	—	44.0	1.0	45.0	—
1970年	1,206.2	16.8	41.3	3.9	71.8	2.5	29.2	309.3
1980年	1,742.0	18.0	63.8	6.0	96.8	3.5	27.3	290.3
1990年	2,376.1	19.1	82.8	7.4	124.4	4.3	28.7	321.1
2000年	6,337.1	22.5	189.1	15.4	281.6	8.4	33.5	411.5
2005年	10,272.4	25.7	263.0	22.7	399.7	10.2	39.1	452.5

（資料）「総合農協統計表」（農林水産省）

は著しく拡大し、一県一農協も既に数県みられます。このため大規模化した農協と連合会との機能調整や農協の規模格差拡大への対応問題とともに、単協の枠組みを超え連合会も含めた県域単位の総合的事業運営も課題となっています。

こうした農協組織内の問題とともに、規模拡大が著しく進んだ結果、組合員との関係でも農協のあり方にかかわる問題が生じています。その検討のため示したのが**表3-2**です。

この表から明らかなように、広域合併の推進により90年代に入り農協の規模は著しく拡大していますが、管理・運営上の問題も指摘できます。その一つは役員一人当たりの組合員数と職員数の増加です。本来ならば規模拡大に伴い、役員とくに常勤役員の管理・経営者能力の質的転換ともいえる向上が不可欠なのですが、現実は合併前の感覚と能力の役員もまだ多いのが実態です。これは役員の選出方法が、法律では選挙が優先されているにもかかわらず実際は90％以上が選任となっていることとも無関係ではありません。

いずれの組織でもいえますが、農協でも組合長はじめとした常勤役員や参事などを中心とした組合リーダーの役割は大きく、優良な組合には必ずしっかりしたリーダーがおり、情報を共有し役職員一体と

なった活動を行っているのが普通です[4]。したがって今後は、こうした先進的な経験にも学びながら、農協運動を真に担える理念がしっかりしたリーダーを如何に選出・育成していくか、が課題です。

同時に、実際の取り組みでは職員の果たす役割は重要です。ILOでは協同組合機能の一つに「働きがいのある仕事」(Decent Work) が重視されていますが[5]、これは協同組合の職員には、一般企業の労働者とは異なった協同組合の価値を実現する役割があり、民主主義と平等を目指した組合員本位の自主性を発揮した働きが重要なことも意味しています。したがって農協の職員にはその認識が大切ですが、経営者も職員（労働組合を含む）の意見を尊重し、一般企業にみられない協同組合にふさわしい関係維持に努めることです。

わが国では、農協経営が厳しいことを理由に、労働条件の引き下げや合併方針に反対する職員に対し不当労働行為を行う経営者がみられます。しかし協同組合本来の経営者としては、職員が創意を発揮し農協運動に意欲をもって取り組めるようにする責任があり、合併の強行など自分の経営方針に賛同しないことなどを理由に、職員の権利侵害や不当労働行為を行うべきではありません。

いずれにしても、協同組合原則では「教育」は一貫して重視されており、とくに変革期にある現在、協同組合の価値と役割について役職員の認識を深めることは一層重要になっているといえます。

2）組合員・地域本位の徹底

表3-2が示しているいま一つの特徴は、職員一人当たりと出先機関一カ所当たりの組合員数の増加です。これは農協の規模拡大により、組合と組合員の日常的な距離が遠くなったことを示しているともいえることです。もちろん、新しい施設や交通手段・機動力の整備も進ん

でいるので軽々しく判断できませんが、合併により支所などの廃止が進み、廃止されなくても本所が支所、支所が出張所になるにしたがい、地域における農協の機能と役割が低下する傾向がみられます。合併に伴い増加していた出先機関の総数も2001年度をピークとして減少に転じ、近年、職員一人当たりと出先機関一カ所当たりの組合員数がともに増加し、この傾向が促進されているのです。今後経営収支の悪化を背景にこれがさらにすすむとみられるので、それに如何に対応するべきかが課題です。

① 特産物生産など地域本位の課題重視

　そこでの重要なことの一つは前述したことでもありますが、地域で最も重要な課題に取り組むことです。合併大規模農協でもカントリーや集出荷場・選果場などを整備し、組合員主体の取り組みを行い、地域農業の発展に寄与している農協も多くありますが、ヒントは未合併小規模農協の活動でより鮮明なように思われます。例えば三ヶ日農協が広域合併に参加していない理由は、「青島みかん」問題です。「青島みかん」は三ヶ日の主産物で、永年の努力で市場ブランドを確立し現在に至っていますが、広域合併すればこの三ヶ日としてのブランド力が弱まり、組合員と地域にとっては大きな損失になるからです。

　こうした地域ブランドを優先し地域特有の農産物を中心にすえた活動は、馬路村農協のゆずや下郷農協の畜産物などにもみられますが、これらに共通して指摘できるのは、もともと好条件があったからではなく、農協の取り組みでその条件を創りあげてきたことです。

　そこで注目したいのは、こうした組合員・地域本位の取り組みには、農協としての主体性と自立性がみられることです。もちろん行政とはその都度協議し対策を講じていますが、栽培作物や導入家畜の決定をはじめ生産・販売や施設整備などはあくまでも農協主体で、農協が責

任をもって対策を進めていることです。これは本来の協同組合のあり方として重要なことです。

いうまでもなくこのような地域農業と組合員主体の取り組みは、全国的に大きな影響力のある合併大規模農協を含め、全国の多くの農協に求められていることですが、その教訓は、結局、整備した施設や支所などの出先機関を農協の経営収支優先ではなく、組合員・地域の観点から位置づけていることに集約できます。この教訓に学び過度な本所集中を改め、栽培作物の選択と生産・販売・加工およびそれに伴う営農指導は支所単位の取り組みとし、施設利用も支所の主体性を活かすことが課題なのではないでしょうか。とくに広域合併大規模農協では支所といっても旧市町村単位が多いので、組合員・住民の協力を得ることも容易だからです。

もちろん農業生産だけでなく、寄り合いの場や簡易店舗をはじめ地域の交流拠点施設として利用している例も多くみられます。支所などの出先機関は農協所有ですが、地域の公共施設でもあるという認識と運営の強化が望まれているのです。

② 組合員・地域住民の主体的参加

農協規模拡大に伴ういま一つの問題は、地域課題を優先するとしても、組合員・住民の主体的参加を具体的にどう強めるかです。現在の合併推進には農協経営収支が重視される傾向にありますが、当初はそうではありませんでした。全中最初の総合的な合併方針である「単協合併の方針について」（1963年8月、総合審議会答申）は、「単協の規模は、日常組合員の意志反映ができる範囲」であることを明記し、「経営の安定ができる範囲」より先に掲げていました[6]。本来、協同組合にはこうしたフェース・ツー・フェースの関係が大切で、農協活動への組合員の積極的な参加・協力を重視した方針であったといえます。

その後の農協合併方針は、営農団地や組合員数、職員数、行政区域などとの関係を重視するようになりました。そして1980年方針ではじめて事業量を基準とすることを明記しましたが、そこでは「その指標は都道府県段階で定める」として、まだ具体的な数字は示しませんでした。それが1985年方針では、「都市化地帯」と限定しながらも「貯金残高300億円以上」の合併目標を金額で具体的に示したのです。これは金融自由化の進展に対応し、国債の窓口販売許可をうるに必要な資金量で、当時、信用組合が平均270億円程度の貯金量を有していたことも顧慮した方針でした。

　つまり農協経営における信用事業の重要性に鑑み、金融自由化を直接的な契機に、農協合併方針は組合員のフェース・ツー・フェースから事業量と経営視点を重視するようになったといえるのです。その後の広域合併方針ではそれがさらに徹底され、経営管理の効率化から本所集中や支所の統廃合などが進み現在に至っています。

　もともと広域合併すると地域農業への取り組みが弱まり、組合員との関係も疎遠になるという批判がありました。しかし、農協に本来の協同組合としてのあり方が求められている現在、従来の広域合併方針を転換し、改めて組合と組合員・地域住民との紐帯を再構築する必要があります。青年・女性の正組合員化と農協運営への参画促進、集落組織・法人などへの対応など組織基盤強化策が進められているのもその一環といえます。そして、こうした対策を通じて、実態に相応しい形で可能な限り組合員のフェース・ツー・フェースの運営を強めることが農協に求められているといえます。

　その方策の一つとして、とくに広域合併大規模農協では支所を一つの「小協同組合」として自主的な活動ができるように運営改善することも、検討課題でしょう。生活圏に最も近いところでの「小協同組合」

であれば、組合員・地域住民の自主的・主体的参加を促し、農協の管理運営を改善することにもなるからです。この体制では本所は実質的には地域別「小協同組合」の連合組織となりますが、もちろんこの地域別「小協同組合」は、販売事業でいえば栽培品種、品質、規格の統一など農協の全域的共販体制を崩し、小単位に分割することではありません。市場競争が激化している現在、全域的、統一的な販売体制の強化確立は重要で、今後とも不可欠な課題です。

　ここでいう「小協同組合」の体制は、従来の本所集中的で組合員・地域住民から遠い存在になっているといわれている組織を有機的に再構築し、組合員のフェース・ツー・フェースと農協への主体的参加を強めることにより農協の運営改善を目指すものです。こうして農協と組合員・地域住民を結ぶ血管の「血流」をよくすることにより、共販体制を含めた農協の事業体制を刷新し、真に協同組合らしい事業展開を図ることが望まれているのです。

　なお、地域を重視するということは全国的、国際的な対応を軽視したり無視したりすることではありません。「地球規模で考え、地域的に行動する」ことは、現在、とくに国際的な組織である協同組合にとっては大切なことはいうまでもないことです。

(3) 求められている有利性発揮による農協事業

1) 協同組合の有利性とは

　1995年開催のICA大会が決定した「協同組合のアイデンティティに関するICA声明」は、協同組合は私企業が採用している技術革新、組織構造、資源活用方式、資本調達技術に学び、マーケティング手法、情報伝達戦略などは選択的に利用することができるとしました。しかし、「私的セクターをまねすることが必要なすべてだと協同組合人が

考えるならば、悲劇である。もしそうであるならば、協同組合が存在する理由はないだろう」と述べ、その上で協同組合は自らの体内に「成功の鍵」をもっているとして、効率性の追求においても協同組合の価値と原則の注意深い適用が大切なことを強調しました[7]。

いうまでもなく協同組合は、この1995年大会で定義されたように「自発的に手を結んだ人々の自治的な組織」ですが、同時に「協同で所有し民主的に管理する事業体」でもあります。従来からわが国でいわれている表現にしたがえば、「組織体」であると同時に「事業体」でもあります。しかし、この「組織体」には他の組織とは異なり、組合員の「協同所有」で「民主的管理」という特徴がありますが、一方では、「事業体」として当然のことながら市場における他業態との競争上「効率性」が要求されます。

では、こうした特徴をもった協同組合が自らの体内にもっている「成功の鍵」とは何でしょうか。それは「協同所有」で「民主的管理」という「組織体」の特徴を、「事業体」の効率性＝有利性として活かすことです。協同組合の組合員は出資者、利用者、運営者の3つを兼ね備えた組織者でもあるので、企業の株主より組合に対する関心は高いのが普通です。それを一層高め、組合への積極的参加による主体的な取り組みを強めるところに「成功の鍵」があるといえます。

しかもわが国の農協は総合経営で、各事業の総合的な経営効果や経費の共通化などによる有利性があることは、すでに明らかにされています。レイドロウがわが国の農協を評価した理由の一つも、総合経営では多様なサービスが可能で、それが組合員の組合に対する関心を高め、積極的参加を促すことを重視したからでした。

こうした協同組合の有利性はいまはじめてではなく、これまでも繰り返し述べられていたことです。それにもかかわらずここで強調する

のは、最近、協同組合の価値と理念が改めて重視されているからです。2009年11月、ジュネーブで開催されたICA総会では「協同組合と経済危機」決議が採択されましたが、そこでは経済危機の原因は「行き過ぎた市場原理主義による利益追求」にあり、そのため「協同組合の経営悪化も危惧される」としながらも、協同組合は一般企業よりも「危機に対して弾力性に富（ん）」でいることが明らかにされました。このような近年における動向を踏まえ、国連も2012年を「国際協同組合年」と決定したのです。

2）農協事業の実態と改革方向

① 限界に達している管理費削減による経営維持

では協同組合本来のあり方からみて、農協事業にはどのような問題が指摘できるのでしょうか。はじめに最近における農協経営の動向を示すと、**表3-3**と**表3-4**の通りです。

まず経営収支をみると事業総利益は低下傾向を示しています。事業別にみると購買事業、販売事業は2007年度まで一貫して低下しており、2000年度まで前年度対比プラスとなっていた共済事業もマイナスになっています。また、2000年度マイナスとなっていた信用事業はプラスとなっていましたが、それも2008年度にはマイナスに転じています。こうした収益動向は最近の厳しい金融・経済情勢を反映した結果であるのはいうまでもありません。

一方、経常利益は2006年度までは辛うじて前年度対比プラスとなっていましたが、それは事業管理費の低下、とくに著しい人件費の削減にあったことが明らかです。しかもその経常利益も07年年度からはマイナスとなっており、最近の農協経営収支は事業総利益が低下するなかでの管理費、とくに人件費削減により辛うじて維持されていました

表3-3 総合農協の収支動向（全総合農協合計）

(単位：億円、％)

	項目	2000年度	2005年度	2006年度	2007年度	2008年度
実額	事業総利益	21,904	19,963	19,722	19,465	19,167
	うち信用事業	7,720	7,318	7,449	7,684	7,377
	共済事業	5,826	5,484	5,415	5,132	5,094
	購買事業	5,360	4,192	3,925	3,715	3,791
	販売事業	1,376	1,314	1,335	1,316	1,324
	事業管理費	21,479	18,363	18,007	17,773	17,563
	うち人件費	15,314	12,938	12,714	12,539	12,369
	経常利益	1,661	2,144	2,268	2,248	2,159
対前年増減率	事業総利益	▲2.4	▲1.2	▲1.2	▲1.3	▲1.5
	うち信用事業	▲3.4	2.1	1.8	3.2	▲4.0
	共済事業	0.2	▲1.6	▲1.3	▲5.2	▲0.7
	購買事業	▲5.0	▲6.6	▲6.4	▲5.4	2.0
	販売事業	▲2.0	▲1.0	▲1.6	▲1.4	0.6
	事業管理費	▲1.9	▲2.5	▲1.9	▲1.3	▲1.2
	うち人件費	▲2.2	▲2.5	▲1.7	▲1.4	▲1.4
	経常利益	17.5	3.7	5.8	▲0.9	▲4.0

（資料）「総合農協一斉調査の概要」（農林水産省）

表3-4 事業総利益に占める部門別割合

(単位：％)

	2000年度	2005年度	2006年度	2007年度	2008年度
信用事業	35.2	36.7	37.8	39.5	38.5
共済事業	26.6	27.5	27.5	26.4	26.6
購買事業	24.5	21.0	19.9	19.1	19.8
販売事業	6.3	6.6	6.8	6.8	6.9
その他の事業	8.9	9.5	9.3	9.5	9.5
指導事業収支	▲1.5	▲1.3	▲1.2	▲1.2	▲1.2

（資料）表3-3に同じ。

が、それも限界に達しているのが実態です。

　その上で注目したいのは、人件費抑制を目指した人員削減は各部門一様ではないことです。表には示してありませんが、総体として減少している職員数を部門別にみると、信用・共済部門の人員割合が高ま

り経済・営農部門は低下しているのです。**表3-4**が示しているように、事業総利益も信用・共済事業の割合が高まり、経済事業が低下する傾向が指摘できますが、それは職員配置を反映した結果であり原因でもあるといえます。つまり、厳しさを増している金融事業への依存度を強めながら、辛うじて維持されているのが農協経営の実態なのです。

　農協事業が抱えている問題は別の面からも指摘できます。例えば信用事業では貯貸率の低下と貯預率の上昇がみられますが、これは従来の運用体制などに加え近年における地域経済の不況を反映し、単協段階では吸収した貯金を地元で運用するより信連に預金する傾向が強まっていることを示しています。単協からのこの預金は信連でも運用されますがその多くは農林中金に集中し、農林中金はそれを国内での有価証券、金銭信託のほか、近年は海外での運用を強めていました。そして、こうして確保した収益から農林中金は信連に、信連は単協に「奨励金」を支払い、それが経営収支を支える構造になっていたのです。

　しかし、08年に発生したリーマン・ショックによる世界的な金融・経済危機により、こうしたこれまでの収支構造が破綻したのです。農林中金は2009年3月決算では6,166億円の赤字を計上し、それを補うため農協・漁協に1.9兆円の増資を要請しました。これは農協・漁協にとって大きな負担となったのはいうまでもありません。その後農林中金も財務運営の見直しや安定的な収益の還元などを目標とした経営安定化計画（2009年～2011年）を策定しています。最近、改善の兆しもみられますが、まだまだ見通しが不確実なのが実態です。信用事業は農協事業総利益の40％近くを占めているので、これは農協事業のあり方に直接かかわる問題です。

② 地域資源を活かした新たな事業開発

　信用・共済事業が農協経営に重要な地位を占めているというだけで

なく、組合員・地域からみても重要な事業です。したがって、両事業についても協同組合としての有利性を発揮し、「成功の鍵」である「協同所有」と「民主的管理」の特徴を活かした事業展開を強化し、一層の安定化を目指す必要があるのはいうまでもありません。と同時に、信用・共済事業への依存度が強すぎるとされる農協事業を改善することも望まれているのです。

　この課題を考えた場合、農産物直売所の発展要因が教訓的です。その理由は、組合員・地域住民が最も関心のある取り組みが自主的・主体的参加を促し、農協事業の有利性を発揮できることは前述しましたが、農産物直売所はそれを実践的に示しているからです。

　周知のように、農業生産と農協販売事業がともに停滞するなかで農産物直売所が発展していますが、その要因は多様です。それを敢えて集約すれば、a. 地域に賦存する土地、労働力などのこれまであまり利用されていなかった多様な諸資源を有効に活用している、b. そのため組合員・地域住民の自主的・自発的参加による取り組みとなっている、c. 農産物の生産だけでなく加工・販売などで地域内の住民・他業者との提携が進んでいる、の３点がとくに指摘できます。

　農産物直売所には店舗経営からみて品揃えや販売方法にも改善するべき課題もありますが、ここで掲げた３つの要因は、農協事業の方向を考える上で重要な示唆を与えるもので、前述した未合併小規模農協の特徴とも共通した内容です。農協は総合経営で多様な事業を行っているので、地域内の多様な資源の有効活用を基本とした事業展開は十分可能なのです。また、全国に存在する組織なので、協同組合間協同を強めネットワークを活かした事業展開ができる有利性があります。農産物直売所で地域の特産物を相互に交換し、販売実績を上げている例も多いのです。

こうした農産物直売所の最近の実態からみてとくに強調したいことの一つは、農協販売事業の重要性です。近年、農産物流通における大規模小売業などの支配が強まり、低価格の押しつけや買い叩きなども一部でみられます。これが農業所得の増大を阻む一因ともなっているので、農業所得の増大を目指すとともに、国民に対し確信をもって新鮮で安全な農産物を供給する上でも、地域に依拠した存在である農協販売事業の役割は重要なのです。

　いま一つは、農業・農村再生のための地域主体の新しいビジネス展開の課題です。近年、6次産業化や農商工提携などが強調され、農村地域における農産物の生産・加工が改めて重視されています。このため、生産者（団体）による地域特産食品の製造販売、レストラン経営、民芸品販売などの例も多く、地域の多様な業者との提携も進んでいます。しかし一方では、食品加工業や飲食業などの企業が農業参入を強めており、農地法改正によりこれがさらに促進される傾向にあります。このため一部では原料確保や関連ビジネスで農協などとの競合もみられるのが実態です。

　そこで強調したいのは、参入企業が対象とする農産物は組合員が生産した農産物であり、企業が立地する土地の地権者のほとんどが組合員なことです。しかも多くの農協が農産物の加工・販売を行っており、組織内には貴重な経験が蓄積されています。したがって農協に改めて期待されているのは、組合員の主体的参加により蓄積された経験を活かし、企業本位の効率性・利益確保最優先の一般企業にはできない、組合員・地域本位の協同組合としての有利性を発揮した事業展開とそのための新しいビジネスモデルを開発することです。

　農協のこうした活動により地域に農業が発展することは、新鮮で安全な食料供給だけでなく新たな産業の発展と雇用創出を促し、真に地

域を再生することになります。また、農村の景観維持をはじめとする環境保全にも寄与するのはいうまでもありません。

注）
1）一例をあげれば、増田佳昭氏は農協の実態と果たしている役割を踏まえ「法律自体の目的規定も変更すべき時にきている」とし、「多様な目的をもつ多様な農協の存在を許容」する方向など、示唆ある内容を提示されています。同氏稿「組合員構成の変化と農協の目的、ガバナンス」『農協の存在意義と新しい展開方向』（昭和堂 2008年12月）78ページ。
2）近藤康男氏は「協同組合の主体を下層階級といい経済的弱者というのは非科学的である」として批判されていますが、これは協同組合論における重要な理論問題です（近藤康男著「協同組合原論」18ページ）。しかしここではその検討が課題ではないので「経済的弱者」をそのまま使用します。
3）「平成19年度【全JA調査】調査結果報告」（全中 平成19年10月）
4）全国にはこうした組合が多くみられますが、その一つに神奈川県・はだの農協があります。この農協は都市地域に位置する組合員（正准合計）が1万人以上の農協ですが、組合員の意見を直接反映することを重視して、事業計画・予算などはいまなお総代会ではなく総会で決定しています。また、国際協同組合デーでは組合員・役職員を集めた集会を毎年実施していますが、これは農協単独としては異例なことです。こうした運営は組合長を中心としたリーダーの指導性によるもので、そのほか直売所やデイサービスセンターの運営など貴重な活動を行い、地域住民からも厚い信頼をえています。
5）ILOの「協同組合の振興に関する勧告」（2002年）は「所得を生む活動および持続可能なデイーセントな雇用を創出し、発展させること」を発展水準に関わりなく、あらゆる国において、協同組合およびその組合員が行えるように援助すべきである、と述べています。「ILO・国連の協同組合政策と日本」（協同組合学会 2003年5月）5ページ。
6）町村合併助成法（1953年公布）により町村合併が進むにしがい農協合併も進むようになりました。しかし、当初農協は行政が進める一町村一組合的な合併は画一的であるとし、過小規模農協などの合併を方針としていました（1955年第3回全国農協大会決議）。その後農協合併助成法が制定（1961年）されるに伴い、全中はで総合審議会を設置し系統組織の整備について審議し、1963年8月にとりまとめたのが答申「単協合併の方針について」です。
7）生活協同組合連合会企画・編集「21世紀を拓く新しい協同組合原則」（コープ出版 1996年1月）48ページ。

第4章　現代における協同組合と農協の役割

（1）協同組合の発生と発展の特徴

1）資本主義の改善・改革運動と協同組合

　農協にみられる「多様な経済的弱者」問題は、協同組合の発生に直接かかわる意味をもっています。そこでまず、協同組合の発生について検討します。18世紀中頃に始まったイギリスの産業革命は19世紀の20年代に確立したといわれていますが、独立自営農民や手工業が分解し、資本主義的工業生産により生産力は著しく発展しました。しかし一方では、「少数の資本家があらゆるものを強奪するのに多数の貧民がただ生きるための生活も残されていない」という、「社会的殺人」と呼ばれる状況がとくに大都市でみられるようになりました[1]。

　男も女も子供も死の寸前まで働かされ、ほとんど奴隷と変わらない長時間労働が行われ、それでも賃金は飢え死にの水準でした[2]。イギリスにみられた資本主義発展に伴う問題は、異なった側面があったとはいえ他の西ヨーロッパ諸国にも共通してみられたのです。

　当然、資本主義国の労働者や先覚者達はこうした搾取強化と貧困を改善するためさまざまな方法で運動を展開しました。イギリスでは1830年代にチャーチスト運動が起こり、労働者の運動もあって1847年には10時間労働法が成立しました。翌48年にはフランスで2月革命が起こりましたが、マルクスとエンゲルスが「共産党宣言」を発表したのもこの年です。そして1864年には国際労働者協会（第1インターナ

ショナル）が創立され、社会主義を目指す運動も国際的な広がりをみせるようになっていました。

協同組合の父といわれるロバアト・オウエン（1771～1858年）がニュー・ラナークに新居を構えたのが1800年であり、シュルツェ・デーリッチ（1808年～1883年）やF・W・ライファイゼン（1818年～1888年）など、協同組合の先覚者達が活躍したのもこの時期でした。ロッチデール公正開拓者組合（以下「ロッチデール組合」）が設立されたのは1844年なので、協同組合が発生した時期は資本主義の改善・改革運動も新たな局面を迎えて発展していた変動期だったのです。

近藤康男氏が「今日の協同組合運動は、これを一つの運動としてみるとき、資本主義経済機構の下における被圧迫階級の解放運動の一分野」[3]とされたのも、こうした協同組合運動の特徴に注目した規定であったといえます。

このような歴史的な背景から明らかなように、協同組合は他の運動組織とは異なった側面を持ちながらも、資本主義の発展により生まれた経済的弱者に対する「社会的な殺人」をもたらすような社会を改善・改革し、人間性の回復を目指した広範なヒューマニズム運動の一つとして発生し、発展したものでした。1995年のICAマンチェスター大会が、「自助、自己責任、民主主義、平等、公正、そして連帯」を協同組合の価値の基礎と規定したのも、こうした特徴をその後の発展過程を含めて集約したものといえます。

2）発生期の協同組合の組織者と事業

この協同組合発生期にみられた特徴は、ロッチデール組合創設者28名の職業と思想状況からも明らかです。28名の職業をみると織物工9、揃糸工1、羊毛選別工2、印刷工1、機械工1、帽子製造工1、指物

工1、製靴工2、裁縫工1、倉庫係1、行商人1、無職7となっており、また、思想状況は社会主義者9、チャーチスト7でした[4]。

これは世界最初の協同組合が、資本主義社会の矛盾の象徴ともいうべき「経済的弱者」の地位向上を目的とした組織であっただけでなく、実際の組織者はその改善・改革を目指して自発的意志により自覚的に集まった人々であったことを示しています。

この協同組合が労働組合や農民組合など他の運動組織と異なる重要な特徴は各種事業を実施して、「経済的弱者」の日常的な支援と救済を目指したことにありましたが、先覚者の事業管理方法でも資本主義企業とは異なっていました。例えば、オウエンがニュー・ラナークに設立した工場で勤務状況に応じた黒、青、黄、白の4種類の木片の「口をきかぬ監視者」(サイレント・モニター) を設置しましたが[5]、これは資本主義企業の搾取強化とは異なり、そのモニターをみて労働者自身が自分の勤務状況を見つめなおし、自発的に労働意欲を喚起することにより生産増大を目指したものでした。また、ロッチデール組合が成功した要因として「運営する人々の能力、感覚、団結力、忍耐力及び企業心」、「経費の非常な節約」と同時に、「組合員を足しげく訪問し、また、たびたび組合員集会を開いた」ことが指摘されていますが[6]、これは資本主義企業とは異なった協同組合事業の特徴でした。

3) オウエンの「協同社会」思想

こうして発生した協同組合はその後、生活協同組合、労働者協同組合、信用協同組合、農業協同組合、保険協同組合を中心に、世界各国に発展していくことになりますが、ここではとくに、オウエンの思想とも関連づけながら「協同社会」建設[7]の問題について検討します。それは近年農協にとっても地域社会にかかわる課題が重視されている

ので、発生期における「協同社会」建設の思想の理解が必要だからですが、それだけでなくそこに協同組合の「原点」が凝縮されていると思うからです。

　オウエンはニュー・ラナークのあと、アメリカのインディアナ州で「ニュー・ハーモニー協同体」の建設を目指した（1825年）ことはよく知られていますが、ニュー・ラナーク「統治」の背景ともなったオウエンの思想には、地域社会建設にかかわる重要な理念がみられました。ここではとくに次の3点に注目したいと思います。

　第1は人間の性格形成における環境重視の理念です。彼は「環境が適切であれば劣悪な性格も優良な性格に作り変えることができる」というのが信念でした。ニュー・ラナークでの多様な施設整備は、こうした信念に基づいた人間形成のための環境整備だったのです。前述したサイレント・モニターも労働者自身がそれまでの勤労態度を反省し、自主的な努力による生産向上を目指した工場内での人間形成のための施設整備でした。

　オウエンの環境重視は教育重視でもありました。とくに、12才位までの教育環境が決定的な影響を及ぼすと考え、そのための教育施設を整備しました。オウエンは「ひろい遊び場と運動場」のある学校を求めましたが[8]、それは幼児・児童教育では教科書もさることながら、子どもに内在する多様な能力を引き出すためにも、生産労働との結びつきや自然との触れあいを重視したからです。

　第2は労働重視の理念です。彼は「指導さえ正しければ肉体労働はすべての富と国家繁栄の基となる」と考えました。「人間労働を普遍的な価値」として重視した彼は、「価値の自然的尺度は人間の労働」であり、「人間の力はすべての富の本質を形成している」と主張しました[9]。労働が楽しみとなる「協同社会」では、生産物の大変な増産

が期待できるとしたのも、人間（肉体）労働に対する期待のあらわれでした。

　第3は人々の繁栄と福祉を目的とした協同社会の考えを具体的に示したことです。彼は「協同社会」では農業を重視し、土地耕作者による「最少300人、最大2,000人」を1団とした規模を示しましたが、もっとも望ましいのは「800人から1,200人」と考え[10]、1人当たりの耕地面積も示しました。そして注目するべきは、この程度の「協同社会」においては労働が楽しみとなり、住民は生活をエンジョイできるとしたことです。これは正にフェース・ツー・フェースの「協同社会」であり、ニュー・ラナークはまさにそのための壮大な実験であったともいえます。

　以上からも明らかなように、オウエンの「協同社会」の特徴は人間重視で、経済問題は人間が幸せな生活を送るための手段なことを基本理念としたことです。工場での自発的労働、幼児・子ども教育、一定規模の協同体を重視したのも、そのためでした。

　いうまでもなく資本主義はその対極にあるので、オウエンはこうした「協同社会」建設によりはじめて資本主義の諸矛盾を解決できると考えたのです。この思想がロッチデール組合に引き継がれ、1844年に先駆者たちが示した組合の目的に、「共通の利益に基づく自給自足の国内植民地を建設し、また、同様の植民地を創らんとする他の諸組合を援助する」[11]ことが明記されていたのです。

（2）協同組合と地域社会建設

1）「協同社会」思想の発展過程

　その後の経過をみると、オウエンのアメリカでの実験をはじめ、1840年代にフーリエの信奉者達もマサチューセッツ州で協同組合的な

理想社会の建設を試みましたが、いずれも失敗しています。そして協同組合発生期にみられた「協同社会」のような「小さな理想主義的冒険事業は資本主義という大海にのみこまれてしまい」[12]、世界の協同組合運動でもこの課題は十分な取り組みがされなくなりました。

　それには多くの要因が考えられますが、その一つにロッチデール組合が消費財店舗主体で彼らが決定した原則でも「国内植民地建設」がみられないなど、世界の協同組合が消費、金融、生産、労働などに分化して発展したことが指摘できます。この間にみられたジードなどの消費協同組合中心の考えも大きな流れにはなりませんでした。と同時に、資本主義の改善・改革を目指す運動組織からの批判も無視できません。もともとエンゲルスはオウエンをはじめフーリエ、サン・シモンについて「歴史的に生まれていたプロレタリアートの利害の代表者として登場したのではなく……彼らはまずある特定の階級を解放しようとは思わないで、いきなり全人類を解放しようと思った」[13]と指摘し、「協同社会」建設は科学的ではなく空想的であると批判していました。こうした批判が強かったことも「大海にのみこまれた」原因であったといえましょう。

　それにもかかわらずここで注目したいのは、エンゲルスの批判はオウエンなどが目指した「協同社会」の内容そのものより、重点はむしろその実現可能性にあったことです。これはエンゲルスの批判でも明らかです。また、その後レーニンも協同組合がもっている小ブルジョア性を批判しつつも、協同組合が大衆の自主活動を基礎に大きな経済組織をうち立てたと述べ、「協同組合は、高く評価して利用すべき極めて大きな文化遺産である」[14]と述べていました。こうした一定の評価がのちに戦後の社会主義諸国で、その後いろいろ問題があったとはいえ協同組合が取り入れられた要因にもなりました。

もちろんこれは、エンゲルスやレーニンがオウエンと同じ「協同社会」を目指していたということを意味しません。これは当時、エンゲルス自身マルクスと同様に未来社会について青写真を示すことをしなかったといわれていることからもいえることです。また、協同組合発生期における資本主義社会の改善・改革にみられた多様な運動主体の間にも、理念の相違が明らかになったのも歴史的な事実です。

　ただ、発生期におけるオウエンなどの「協同社会」建設には確かに「空想的」と批判される問題がありましたが、現代における協同組合にとっては、資本主義発展に伴う貧困、差別などが世界的に深化したこともあり、その改善・改革のため「協同社会」建設が改めて重要な課題になっているといえるのです。

　レイドロウは1980年のICAモスクワ大会で「協同組合地域社会建設」を提起しました。彼自身ここで提示した地域社会は、「オウエンの考えた地域共同体ではなく協同組合方式」であると述べていました[15]。しかしこの「協同組合地域社会」は組合員に多様なサービスができるよう多様な協同組合が存在する地域社会なので、実質的にはオウエンのニュー・ラナークと共通したところがあり、それを現代に発展させたものといえます。そしてその後、1995年にマンチェスターで開催されたICA100周年記念大会で「コミュニティへの関心」が協同組合原則とされたことは、協同組合として地域社会建設に一層関心を持つべきことを示しているのです。

　しかもこの原則で「組合員に承認された政策」によることが明記されていることは、組合員にとっては主体的に地域社会に関与していくことが大切になっていることをも示しているといえます。

2）現代と協同組合の地域社会建設問題

　レイドロウが「協同組合地域社会建設」を提示したのは、スペインのモンドラゴンなどの経験と蓄積があったからですが、イタリアの社会的協同組合やイギリスのコミュニティ協同組合など、その後、世界的には多様な運動の発展がみられます。

　イタリアの社会的協同組合は「公的サービスの及びにくい、しかし切実な暮らしと労働の要求に応える自助的な組織として生まれた」が故に、精神障害や知覚・身体・知的障害を抱える人々、高齢者などへのサービスも含め活動領域は多岐に亘っています[16]。それ故にこれまでの協同組合運動の蓄積に基づいた側面と従来の運動ではコミットできない部分がありますが、現在の状況は、「生きにくさへの対応」、「社会的排除との闘い」、「労働を通じた社会的参加」、「事業体としての陶冶」といった固有の特質を、従来の協同組合である生協、農協、労協なども、常に課題とするべきことを求めています[17]。

　また、イギリスのコミュニティ協同組合は「地域コミュニティによって設立され、地域コミュニティによって所有・管理され、地域コミュニティの人たちのために最終的に自立した仕事（雇用）を創出することを目指し、地域コミュニティの発展の核になることを目指す事業組織」といわれています[18]。こうした協同組合はスコットランドだけでなくイングランドでも発展しているのです。

　ILOが2002年に示した「協同組合の振興に関する勧告」では、「均衡のとれた社会は、強力な公共セクターや民間セクターと同様に、強力な協同組合、共済組合、その他の社会的セクターおよび非政府セクターを必要とする」と述べ、望ましい社会を建設する上で多様なセクターを積極的に位置づけました。もちろんその未来社会図は完成されたものではありませんが、ILOは現代資本主義の矛盾を改善・改革す

る上で、協同組合も含めた協同的、社会的セクターが不可欠だとしたことは極めて重要なことです。こうした協同組合の役割は前述したイタリア、イギリスの例からもいえることです。

ロッチデール組合が設立されてからでも150年以上が過ぎ、この間世界の協同組合は大きく発展し、ICA加盟組織は89カ国233団体、組合員は8億人以上といわれています。その結果、世界の協同組合は経済の発展段階や政治体制などにより国ごとに大きな相違がみられるのが実態です。スウェーデン、デンマークなどのヨーロッパ諸国では協同組合の「会社化」とアウトソーシングが進んでおり[19]、アメリカでは伝統的形態の農協とともに新世代農協といわれる新しい形態の農協がみられるようになっています。

現在、協同組合の多様化は促進されており、世界の協同組合はすべて同一の形態を示しているわけではありません。その多くは価値と原則に基づいた取り組みを行っていますが、反面、市場競争原理にしたがい収益最大化を目指して多国籍的な発展を遂げている協同組合もあります。また、国家権力との関係でも多様性があり、レイドロウが指摘した「危機」はその後複合化されてむしろ強まっています。わが国の農協でも「経営危機」が「信頼の危機」と「思想上の危機」を促進させているともいえるのが実態です。

しかしそれにもかかわらず協同組合である限り、私企業とは異なる発生期に重視された共通の理念と協同組合原則に依拠した活動を目指すべきなのはいうまでもありません。とくに近年、市場原理主義が世界的になっているのでその重要性が高まっているといえます。

そしてここで強調したいことは、協同組合が目指している「協同社会」建設は、単に理念的なものではなく、各種事業を通じて取り組むべき課題なことです。それが労働組合や農民組合などとは異なった協

同組合の特徴で、発生期から協同組合では事業のあり方が重視され、有利性発揮が強調されてきた所以もそこにあります。

(3) 変革期における農協の役割と課題

1) 市場原理主義の対極にある協同組合

現代における農協の役割と課題を考える上で大切なことは本来の協同組合としての徹底ですが、そのためにも現在、国際・国内的に強化されている市場原理主義についての認識が重要です。リーマン・ショックによる世界的金融・経済不況などを契機に批判されている面もありますが、この考え方は依然として根強く存在しているからです。

いうまでもなくこの市場原理主義は市場を絶対視し、すべての生産要素が市場を通じて取り引きされてはじめて効率的に利用できるという一種の信念に基づいています。新自由主義は自由市場と自由貿易を追求し、企業活動の自由が最大限に発揮されることを要求しますが、この考えを極限にまで推し進め、儲けるために、法を犯さない限り何をやってもいいというのが市場原理主義です[20]。小泉内閣以来の「官から民へ」の強調による民営化・効率化は、この市場原理主義に基づいた政策でした。

この結果、近年あらゆる分野で著しい格差拡大が進んでいます。その一例として1995年度対比で2005年度の国内総生産をみると、第1次産業の相対的、絶対的減少だけでなく第2次産業も低下し、首都圏などへの経済の一極集中が強まり、産業間、地域間格差が拡大しています。いうまでもなくこれは、市場原理主義による独占的大企業最優先政策の結果であり、農業や中小零細企業の経営悪化が加速されているためです。

また、医療・福祉、年金などについての高齢者をはじめとする国民

多数の不安が強まっています。労働面でも非正規雇用者が急増し、一方ではそれが正規労働者の労働条件を引き下げる要因ともなり危機的ともいえる雇用不安が継続し、自殺者も3万人を超えています。こうしたわが国の現状は、エンゲルスが産業革命時に「社会的殺人」と述べた状況と似た実態にあるともいえます。

その後民主党政権となり小泉内閣からの政策理念に若干の変化もみられますが、根本的な転換が期待されそうにはありません。

この市場原理主義の対極にあるのが協同組合です。ICAマンチェスター大会の「協同組合のアイデンティティに関するICA声明」は協同組合の価値について、「自助、自己責任、民主主義、平等、公正、そして連帯を基本とする」と規定したことは前述しました。こうした理念に基づき協同組合は資本主義社会の矛盾を改善・改革し、人間性を回復するため発生・発展し、世界的に広範な運動を展開してきました。そのことが近年、市場原理主義の格差拡大政策に対抗して、協同組合による均衡した社会建設が改めて重視されている要因です。

これはグローバル化への対応についてもいえます。1966年にウィーンで開催された第23回ICA大会では、「協同組合間協同」を新しく協同組合原則の一つとして決定しました。この原則は協同組合が独占企業に対抗した活動を成功させるため、地方的段階から国際的段階に至る協同が必要なことを示したものです[21]。その意味で、世界の協同組合はグローバル化についても市場原理主義の途ではなく、平等互恵の協同組合原則に基づいた組合間の国内的・国際的協同を強めることを理念としているのです。

現在、農協に求められているのは、協同組合のこうした役割を認識し、本来的な取り組みを強めることです。

2) 農業・農村の再生と農協の役割

① 農協組織形態の特徴を活かす

　農業・農村の崩壊が進んでいる現在、その改善を図るため農協の組合員・地域主体の取り組み強化が課題であることは前述しました。その際、農協の組織形態の特徴を如何に活かすかが課題です。

　周知のように、わが国の農協には基本的には全農民加入、総合経営、行政区域単位の3つの特徴があります。これについては批判もあり改善すべき課題もみられますが、農業・農村の再生を目指す上では重要な機能があるように思われます。

　はじめに3つの特徴について経過も含めて検討します。まず全農民加入についてです。産業組合は農業者、非農業者区別なく、出資1口以上を払えば誰でも組合員になることができました。設立後組合員は徐々に増加していましたが、1933年からの第1次産業組合5カ年計画により組合数、組合員数は急増し、1940年には組合数は市町村数の135％、組合員数は農家数の139％にまで達していたことは前述しました。戦後の農協はその経過を引き継ぎ、全農民加入は「農民の下から盛り上がる自由意志」[22)]（平野国務大臣）に基づく理念を目指すものとして重視されました。

　また総合経営については、当初産業組合に認められていなかった信用事業との兼営は、1906年の法改正で認められましたが、その最大の理由は、一つの区域に別個の組合を設立しても組合員は共通のため不必要な経費がかかる、ということでした。これは稲作主体の小規模経営で、共同体的な当時の農業・農村の実態を反映したものでした。

　戦後の農協でも同じ理由から、単協は「生産面と金融面を密着させることが現状からいって良い」（平野国務大臣）として総合経営とされました。そして一番基礎的な単協は兼営としながらも、事業の専門化・

効率化を図る上から連合会では各事業が分離されたのです。

　わが国には総合農協だけでなく専門農協もありますが、近年、総合農協との合併などもあり専門農協数が減少しています。このことは、総合農協の有利性を反映した結果であるともいえます。国際的にみても、レイドロウは日本の総合農協は広範な経済的社会的サービスを提供しているとし、協同組合地域社会建設上での役割を高く評価したことは周知の通りです。

　単協の区域問題では、信用組合法案の時から「組合の区域は１市町村内に限ること」が重視されていました。その理由として、組合は「相知っている者、互いによく交際している者」のためにあることが重要とされたからです。農協法案でも、法律上は一つの市町村にいくつもの組合ができるようになっていましたが、「理想とするところは大体１町村１組合である」(平野国務大臣)ことが、当初から強調されていたのです。

　以上から明らかなように、農協の組織形態は戦後になってはじめて採用されたものではなく、基本的には産業組合からみられたものです。もちろんどのような経過があろうとも、農協が本来の活動を行う上で障害があれば改善・改革するべきであり、実際に多くの対応策が講じられてきました。しかしその基本は維持されて現在に至っています。その理由は産業組合法はもとより農協法制定の経過からも明らかなように、この３つの形態はわが国の農業・農村の実態に即しており、機能発揮上でも有利性があるからです。

　わが国の農業・農村は戦後大きく変貌しています。戦前の寄生地主制の崩壊はもとより、近年、複合的小経営は減少し共同体的規制はなくなり、旧来の集落組織の崩壊が進んでいます。一方では専業的大経営や新しい共同経営・法人組織が多くなっており、企業参入などによ

り農村の混住化も深化しています。

　それにもかかわらずわが国の農業・農村には、いまなお国土条件をはじめとする基礎的条件に基づいた日本的特徴が指摘できます。「日本農業」は「アメリカ農業」や「オーストラリア農業」にはなれないし、農村についても同様です。そして農協もその日本的特徴を反映した組織形態となっているのです。農民のなかの一部特定者だけが組合員であったり、一つの地域にいくつもの多様な農協が行政区域とは全く関係なく存在することは、法律的には可能としても、現実的には地域の農業・農村の発展にプラスになるとは思えないのです。

　もちろん協同組合の組織形態はそれをどう認識するかにより評価が異なります。3つの組織形態についていえば、産業組合と農協がいずれも政府主導で設立されたこととも関連し、農民＝組合員の自主性と組織の「自治と自立」が不足している要因として批判し、その改変を求める意見もみられます。しかし、これまで述べたことからも明らかなように、基本的にはこの組織形態を活かしていくことが農協に課せられた課題ではないでしょうか。

　②　「多様な経済的弱者」の組織としての役割

　現在の組織形態は農業・農村の再生を目指す上で有利性があるとはいえ、一面では国策推進上でも有効な組織形態であることも事実です。それが産業組合の不幸な歴史の原因の一つとなり、農協にも同じような問題があることは前述しました。

　それにもかかわらず、現在直面している課題からみると、3つの組織形態には重要な側面もあることに注目したいと思います。全農民加入の総合的な組織＝農協が全市町村に存在することは、農村地域における多数者結集による改革への有利性があるともいえるからです。しかも、農協は農村地域における「多様な経済的弱者」の組織なので、

組合員以外の住民も参加した地域改革の拠点組織としての役割を果たすことも展望できるのです。

　もちろん、現在の農協には多くの問題があり、また、厳しい批判もあるように、現状のままで全国的にはこれは考えられないことです。しかし一つ一つの農協が協同組合本来のあり方を追求し、徹底した改革を行ない期待されている役割を果たすことは、個々の地域では可能なのではないでしょうか。これは実態が示していることです。

　こうした観点からみて、農業団体はもとより他の協同組合をはじめ地域における多様な運動組織との提携を強化することも、農協の重要な課題です。これまで政権与党との関係が強かったこともあり、農協は全国をはじめ都道府県、市町村の各段階において、農業団体以外の生協をはじめ他の運動組織との提携については必ずしも積極的ではありませんでした。近年、地域段階で経済団体や商工会議所などとの提携が進んでいますがまだ例が少なく、それ以外の運動組織との提携はほとんどみられないのが実態です。

　しかし、協同組合に求められている均衡した格差のない地域社会の建設は、多様な組織との提携を強化することではじめて可能なことです。地域での自主的協同を強め、農業の多面的機能の役割が重視される人間尊重の地域コミュニティを目指すためにも、農協として多様な運動組織との提携を強化することが必要なのです。

（4）協同組合への確信―農協批判への対応―

　これまでも農協批判が繰り返されてきましたが、小泉内閣でそれが新たな展開を示すようになっていました。その批判内容は広範囲に亘っていますが、とくにわが国の農協の特徴として強調した組織形態や農政対応に批判が集中されました。これに独禁法適用除外問題が加

えられ、農地法問題とともに農協問題は農政の重要課題に押し上げられました。

しかもその批判内容を具体的にみると、一人一票の組合員平等原則は多数の零細農組合員の利益が優先されて大規模担い手組合員が農協離れをする原因になっているとし、出資額に応じた制度改革などを主張しています。また総合経営については、信用・共済事業の収益で経済事業などの赤字を補てんしているので、信用・共済事業がなくても経済事業が成り立つようにし両事業を分社化すること、独禁法適用除外については全国連では不公正な取引もみられるので解消すること、などが提示されています。

一人一票制による民主的運営は協同組合の重要な原則です。また、独禁法適用除外が廃止されれば農協本来の協同組合としての共同販売、共同購入なども独禁法違反とされる危険性があります。つまり、最近の農協批判（以下「現代農協批判」）には、協同組合そのものを否定する内容になっているところに注目すべき特徴があるのです[23]。

もちろん農政対応をはじめ農協自体の責めに帰すべき問題も多く、その改善が必要なのはいうまでもありません。しかし重要なことは、批判の基本は市場原理主義に基づいていることです。そのため対極にある協同組合の否定をも念頭に、従来からも批判のあった農協をターゲットにしているということもできるのです。

民主党政権となり、政権交代直後の2009年9月に「行政刷新会議」が設置され、そのもとに「規制・制度改革に関する分科会」と3つのワーキンググループ（WG）が設けられました。その一つである農業WGでは農協に対する金融庁検査・公認会計士監査の実施、農業委員会の在り方、農業生産法人の要件緩和のほか准組合員制度の廃止、新規農協設立の弾力化など新たな項目も取り上げています。

民主党政権で改めて農協問題が検討課題とされた背景にはこれまでの農協のあり方への批判もありますが、検討内容には農協の協同組合としての特徴を蔑ろにした規制の緩和ないし撤廃を進め、結果として協同組合の否定につながる危険性が依然として指摘できるのです。

　検討項目のなかには先送りされたものもありますが、こうした状況であるだけに農協にとって重要なことは、現代農協批判への反批判とともに、批判を許さない取り組みを強め、協同組合を否定するような批判を克服することです。これは2012年を「国際協同組合年」とした国連の呼びかけに応えることにもなります。

　協同組合が直面している最大の挑戦は外部からきているのではない、最も深刻な挑戦は他者との競争ではなく、政治秩序でもなく、それは「元気をなくしている協同組合人の心のなかにある」[24]といわれています。これは換言すれば、協同組合人自らが現代の経済・社会に果たす協同組合の役割を認識し、確信と誇りを持って自発的に活動することが改めて求められていることを意味します。農協関係者にとっても同様なのです。

注）
1）エンゲルス「イギリスにおける労働者階級の状態」『マルクスエンゲルス全集2』（大月書店　1971年12月）251～252ページ。
2）W・Z・フォスター著「三つのインタナショナルの歴史」（大月書店　1967年12月）6ページ。
3）近藤康男著『協同組合原論』（高陽書院　1958年1月）3ページ。
4）伊東勇夫著『現代協同組合論』（御茶ノ水書房　1960年11月）20ページ。
5）ロバアト・オウエン著　五島茂訳『オウエン自叙伝』（岩波書店　1961年2月）152ページ。
6）ジョージ・ヤコブ・ホリヨーク著『ロッチデールの先駆者たち』（協同組合経営研究所　1968年10月）156～158ページ。
7）これについては普通「協同村」または「共同村」とされ、訳者により「協同」

と「共同」の二通りがみられ、理論的にも概念が異なっています。そのため本来ならばその概念にしたがい厳密であるべきですが、ここでは煩雑さを避けるのと後の論旨との関係で、引用以外はすべて「協同社会」で統一することにします。

8) ロバート・オーエン著　渡辺義晴訳『社会変革と教育』（明治図書　1968年4月)、154ページ。
9) 同上。114〜115ページ。
10) 同上。134〜135ページ。
11) 6) に同じ。47ページ。
12) 2) に同じ。13ページ。
13) エンゲルス「空想から科学への社会主義の発展」『マルクスエンゲルス全集19』（大月書店　1973年3月）188ページ。
14) レーニン「モスクワ中央労働者協同組合代表者会議での演説」『レーニン全集第28巻』（大月書店　1960年4月）203〜204ページ。
15) 全国農業協同組合中央「西暦2000年における協同組合」145ページ。
16) 田中夏子『イタリアの社会的経済の地域展開』（日本経済評論社　2004年10月）71ページ。
17) 同上。80〜81ページ。
18) 中川雄一郎稿「社会的企業のダイナミズム」『非営利・協同システムの展開』（日本経済評論社　2008年5月）126ページ。
19) アウトソーシングの動向については田中秀樹稿「協同組合の『会社化』―動向と論点―」『協同組合研究』（2005年10月）に詳しく述べられています。
20) 宇沢弘文、内橋克人『始まっている未来』（岩波書店　2009年10月）17〜18ページ。
21) 全国農協中央会など編『協同組合原則とその解明』（協同組合経営研究所　1967年4月）80ページ。
22) ここで述べている3つの特徴についての「　」内は各法律案審議の議事録によります。
23) 農協批判の詳細については北出俊昭『協同組合本来の農協へ』（筑波書房　2006年3月）を参照して下さい。
24) 日本生活協同組合連合会企画・編集『21世紀を拓く新しい協同組合原則』（1996年1月　コープ出版）45ページ。

著者略歴

北出　俊昭（きたで　としあき）

- 1934（昭和9）年　石川県生まれ
- 1957（昭和32）年　京都大学農学部卒業
- 1957（昭和32）年　全国農業協同組合中央会入会
- 1983（昭和58）年　同上退職
- 1983（昭和58）年　石川県立農業短期大学　教授就任
- 1986（昭和61）年　同上退職
- 1986（昭和61）年　明治大学農学部　教授就任
- 2005（平成17）年　同上退職

農学博士

近著

『日本農政の50年―食料政策の検証―』(日本経済評論社　2001年)
『コメから見た日本の食料事情』(筑波書房ブックレット　2002年)
『転換期の米政策』(筑波書房　2005年)
『戦後日本の食料・農業・農村　第3巻（Ⅲ）　高度経済成長期Ⅲ』
　　　　　(編著　農林統計協会　2005年)
『協同組合本来の農協へ』(筑波書房ブックレット　2006年)
『食料・農業の崩壊と再生』(筑波書房　2009年)

筑波書房ブックレット㊾

変革期における農協と協同組合の価値

2010年9月14日　第1版第1刷発行
2010年10月15日　第1版第2刷発行

　　　　著　者　北出俊昭
　　　　発行者　鶴見治彦
　　　　発行所　筑波書房
　　　　　　　　東京都新宿区神楽坂2－19 銀鈴会館
　　　　　　　　〒162－0825
　　　　　　　　電話03（3267）8599
　　　　　　　　郵便振替00150－3－39715
　　　　　　　　http://www.tsukuba-shobo.co.jp

定価は表紙に表示してあります
印刷／製本　平河工業社
©Toshiaki Kitade 2010 Printed in Japan
ISBN978-4-8119-0373-6 C0036